であり，『コアプラス』は，中学入試で出題される
まとめた問題集です。本書を用いれば入試問題
とができます。また，本書は『理科コアプラス』
し，さらに使いやすくなっています。

ラー写真を使用した観察主体の問題，第Ⅱ部は化
第Ⅲ部は典型的な計算問題をそれぞれ収録して
記述力・思考力が問われることも多くありますが，
ません。志望校合格のため，日々のトレーニング

望校合格への一助となることを願っています。

サピックス小学部

使い方

答はすべて赤色で表示されています。付属の赤いシートを

第Ⅱ部・第Ⅲ部

ら解きましょう。

解答部分です。
赤いシートでかくして
解答が見えないように
しながら，繰り返し学
習しましょう。

「◆ポイント◆」には，
問いの解き方や考え方
が説明されています。

付属の赤いシート

参考」には，問いに関連する知識
書かれています。知識をさらに
めましょう。

チェックボックスが付いています。

1回間違い　2回間違い　3回間違い　4回間違い

◤ → ◸ → ◥ → ■

色で塗りつぶしておくと，自分の苦手とする問題が
見直しがしやすくなります。

目次

第 Ⅰ 部

身のまわりの理科

　第Ⅰ部は，身のまわりの事物・現象についての問題です。

　観察では，提示された写真からの〝気づき〟をテーマにしています。次の①〜④のような視点で写真を見て，自然観察の方法を身につけましょう。

　① 写真をよく見て探してみましょう！

　② いろいろと比べて，共通点や違う点を見つけましょう！

　③ 何が変わったのか？　変化に注目しましょう！

　④ 生き物と生き物や，生き物と現象など，つながりを見つけましょう！

　知識では，身のまわりの事物・現象についての重要な知識を確認しましょう。言葉だけではなく，イメージを持って学習しましょう。

観察 あとの①〜⑧の写真を見て，次の問いに答えなさい。 **！巻末解説** P.204・205

☒ **1** ①は月がのぼってくる様子です。明け方と夕方のどちらですか。

☒ **2** ②について，④の満月とはどのような点が違いますか。

☒ **3** ③の2つのクレーターA・Bの見え方を参考にして，④の月でクレーターがよく見えるところを探してみましょう。

☒ **4** 潮の満ち干は月の引力と関係があることを参考にして，⑤の様子を説明しなさい。

☒ **5** ⑥について，地球で見上げた空とどのような点が違いますか。

☒ **6** ⑦から，宇宙船が地球に戻ってくるときにどのような危険がともなうことが分かりますか。

☒ **7** ⑧について，木星と土星にはそれぞれどのような特徴がありますか。

① 地平線の近くに見える細い月

② 沈む満月

③ 月面に見られるクレーター

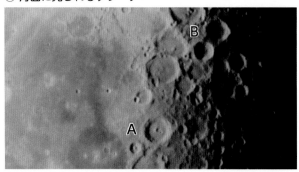

⑤ 雲仙普賢岳と干潟を通る道路

④ 南中している満月と下弦の月

⑥ 月面で見上げた空の様子

⑦ 月から帰還したアポロ宇宙船（実物）

⑧ 天体望遠鏡で観察した木星と土星

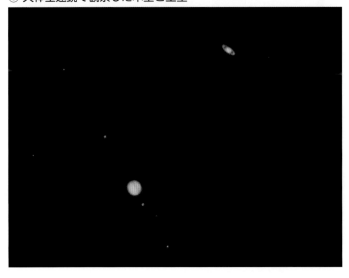

1　明け方

◆ポイント◆　月の左側が光っており，空も月の左側の方が明るいため，左（東）側に太陽があることが分かります。①の月のような二十七日の月は，明け方東の空に見られます。また，三日月は右下図のような月で，夕方頃に西の空に見られます。

2　赤っぽく見える。輪郭がゆがんで見える。縦につぶれて横長に見える。黒い模様（海）の傾きが違う。

3　半月の満ち欠けの境目付近

◆ポイント◆　③は左側から日光が当たっており，Aのクレーターは影が少ししか落ちていませんが，Bのクレーターはほとんどが影になっています。

4　月が南中してから少し経っており，潮が満ちて道路が水没している。

◆ポイント◆
満潮と干潮は約6時間おきに変わり，干潮のときは右図のように道路が現われます。

5　太陽が見えているが，空は暗い。

6　宇宙船の底面がこげていることから，大気圏へ突入する際に非常に高温になることが分かる。

7　木星には赤い帯があり，4つの衛星が見られる。また，土星には大きな環が見られる。

◆ポイント◆　土星の明るさや環の見え方は下図のように日によって変わります。

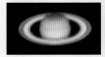

⊠ **8** 右のA・Bは，どちらの方が早い時刻に観察したものですか。

⊠ **9** 8の月面に見える黒い模様はゲンブ岩でできており，地面が平らであるため「海」と呼ばれます。なぜ平らなのでしょうか。

⊠ **10** 下図はアメリカにある地球上で見られるクレーターです。月に比べて地球にクレーターがあまり見られないのはなぜですか。2つ答えなさい。

⊠ **11** 右図は月食という現象で，満月が地球の影にかくれたときに起こります。
① この月は南中する前ですか，南中したあとですか。P.4の④の満月の写真と見比べて考えてみましょう。
② 月の満ち欠けと月食とでは，月の欠け方にどのような違いがありますか。

⊠ **12** 下図は太陽系に存在する惑星以外の天体で，左から小惑星イトカワ，火星の衛星フォボス，準惑星の冥王星です。天体の大きさと形にはどのような関係がありますか。

長径 535 m

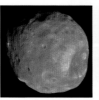
直径 23km

直径 2400km

---

8 B

◆ポイント◆ A・Bはどちらも上弦の月で，18時頃に南中します。Bはまだ日没前で空が明るく，南東に見える月です。Aは日没後の南西から西に見える月です。

9 ねばり気の少ないマグマがくぼみに広がりたまって固まってできたから。

◆ポイント◆ ゲンブ岩はマグマが冷えて固まってできた岩石で黒っぽい色をしています。

ゲンブ岩質のキラウェア火山（ハワイ）

10 ・地球の大気にぶつかって隕石が燃え尽きるから。
・雨や風などによってクレーターが風化や侵食されるから。

◆ポイント◆ 地球上では風化・侵食作用を受けにくい砂漠などでクレーターが見られます。

11 ① 南中する前
② ・影の境界線が月の中心線を通っていない点。
・影の境界線がぼやけている点。

◆ポイント◆ のぼるときと沈むときで月面に見える模様の傾きが異なります。地球の影は下のAのようになっており，Bのような地球の大気が原因で輪郭がぼやけています。

A 地球の影

B

12 天体の大きさが大きくなるほど形が球に近くなる。

◆ポイント◆ 天体が丸い形をしているのは自身の重力が原因です。

☒ **13**　下図は，地球から，同じ天体望遠鏡で見た太陽系の惑星を，太陽に近い順に左から並べたものです。

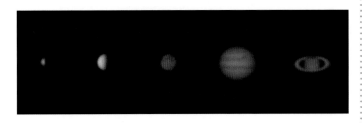

①　左から順に惑星の名前を答えなさい。

②　惑星も月と同じく太陽の光を反射して光っていますが，月よりも暗く見えるのはなぜでしょうか。

☒ **14**　下図は，三日月が沈みかけていることから①{日の出の少し前　日の入りの少しあと}の西の空だと分かります。この日は三日月の近くに左側が欠けた星が見えており，宵の明星と呼ばれるこの星は〔　②　〕です。

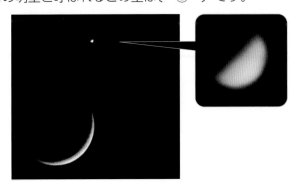

☒ **15**　1969年，アメリカのアポロ宇宙船（アポロ11号）によって人類が初めて月面に降り立ちました。下図はアポロ宇宙船をのせたロケットです。宇宙には〔　　〕がないため，燃料を燃やすためにロケットには液体にした〔　　〕などを積みます。そのため，ロケットの側面にはまわりの空気中の水蒸気が冷やされてできた氷がついています。

13　①　水星・金星・火星・木星・土星

◆ポイント◆　地球は金星と火星の間にあります。土星の外側には天王星・海王星があります。火星が赤いのは鉄の赤さび（酸化鉄）によるもので，地球でも鉄を多く含む地面は下図の鉄鉱石採掘現場のように赤く見えます。

②　地球との距離が月に比べて遠いから。

◆ポイント◆　距離が2倍・3倍…になると明るさは $\frac{1}{4}$ 倍・$\frac{1}{9}$ 倍…になります。

14　①　日の入りの少しあと
　　②　金星

◆ポイント◆　金星は明け方か夕方の数時間程度しか観察することができません。金星は地球に最も近いところを公転している惑星であるため，大きく明るく見えます。金星も月と同様，下図のように太陽と地球との位置関係によって満ち欠けします。

15　酸素

◆ポイント◆　物が燃えるためには酸素が必要で，酸素は−183℃で液体になります。月面には空気がなく風が吹かないため，下図のように支えを取り付けた国旗を立てました。

観察 あとの①～③の写真や図を見て，次の問いに答えなさい。　**巻末解説** P.207・208

☒ **16**　①の中央付近には明るい1等星が見えています。②を参考にして，この星の名前を答えなさい。

☒ **17**　①の写真から夏の大三角を探してみましょう。

☒ **18**　①の写真から北極星を探してみましょう。

☒ **19**　①の右側には森林が写っています。この森林は撮影者から見てどちらの方角にありますか。

☒ **20**　①の星空は何月頃に見た様子ですか。

☒ **21**　①には星座早見に載っていない火星と木星も写っています。探してみましょう。

☒ **22**　③を参考にして，①から流れ星を探してみましょう。

① 日本のある地点の 20 時における，全天（空全体を見上げたもの）の様子

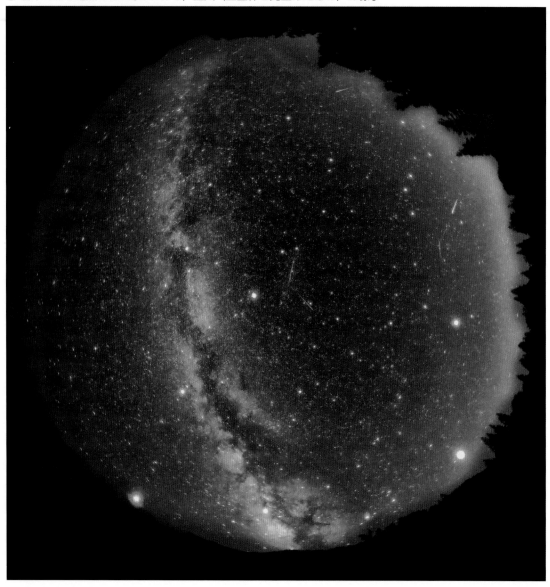

② 星座早見を①と同じ日時に合わせたもの

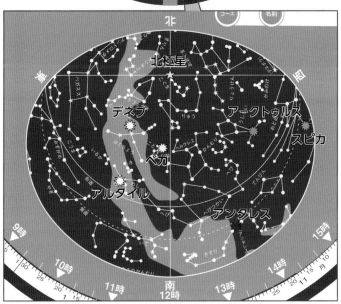

③ 流れ星（A）と流星群（B）

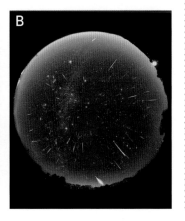

16　ベガ

◆ポイント◆　星座早見は下図のように地平盤と星座盤の２枚からできています。

地平盤　　　　　星座盤

17・18　答えは **!** 巻末解説 P.207 ①

19　西

◆ポイント◆　②より，下が南で右が西であることが分かります。

20　8月

◆ポイント◆　②の20時のところを見ると，8月22日頃であることが分かります。
　夏の天の川は濃く見えるため，星の見えやすい場所に出かけたときは探してみると良いでしょう。

21・22　答えは **!** 巻末解説 P.207 ①

◆ポイント◆　流れ星と間違われやすいものに彗星があります（下図）。一部の彗星は太陽のまわりを公転しており，太陽の光を反射して光っています。そのため，流れ星のように一瞬で消えたりはしません。

知識 写真を見て，次の問いに答えなさい。 !巻末解説 P.208・209

⊠ 23 図1・図2は〔 ① 〕の空にカメラを向けてシャッターを開きっぱなしにして撮影したもので，どちらも図の左側は〔 ② 〕の方角です。星々の中央には〔 ③ 〕等星である〔 ④ 〕があります。このように星が動いて見えるのは，地球が〔 ⑤ 〕しているためです。

⊠ 24 23の図1・図2は北海道と沖縄のいずれかで撮影したものです。図1は北海道と沖縄のどちらですか。

⊠ 25 右図の中央には〔 ① 〕座が写っており，ほぼ真〔 ② 〕の方角の空だと分かります。よって，図の左側は〔 ③ 〕の方角で，右側は〔 ④ 〕の方角です。

⊠ 26 下図の星空は〔 ① 〕の方角を撮影した様子で，時刻は20時頃，季節は②{春 秋}です。1時間後には北斗七星は下図より③{高い 低い}ところ，カシオペヤ座は下図より④{高い 低い}ところに移動します。

---

23 ① 北　② 西　③ 2
④ 北極星　⑤ 自転

◆ポイント◆ 天体は北極星を中心に下図のように動いて見えます。北極星は地軸の延長線上にあるため，地球からは見える位置がほとんど変化しません。

参考

恒星の色は表面温度によって変わります（例：太陽は黄色の恒星で，表面温度は約6000度）。

ベテルギウス(赤)　カペラ(黄)
シリウス(白)　リゲル(青白)

24 沖縄

◆ポイント◆ 図1はうるま市（北緯26度），図2は室蘭市（北緯42度）の写真です。北極星の高さはその土地の緯度と同じであるため，2つの都市の北極星の高さは約16度違います。

25 ① オリオン
② 東　③ 北　④ 南

26 ① 北　② 秋
③ 低い　④ 高い

◆ポイント◆ 北斗七星は春から夏，カシオペヤ座は秋から冬にかけて，夜中に高いところに見えます。また，夏の大三角の1つであるはくちょう座が，北の空に見えていることも分かります。

☒ **27** 図1は，〔 ① 〕の地平線付近に見られる〔 ② 〕
の大三角の様子で，図の左側は〔 ③ 〕の方角です。
図1の天の川を右の方へたどっていくと，1等星をもつ
〔 ④ 〕座が見られます。宇宙には図2のような〔 ⑤ 〕
と呼ばれる無数の星の集まりがいくつもあり，太陽系もあ
る1つの〔 ⑤ 〕の中にあります。

☒ **28** 右図はどちらの方角
に見えるオリオン座を観
察したものですか。

☒ **29** 冬のダイヤモンドの6
つの1等星のうち，右図
に写っている4つの1等
星を答えなさい。

☒ **30** 下図は①{日の出　日の入り}頃に空を観察した様子で，
季節は②{夏　冬}です。

27 ① 東　② 夏　③ 北
④ さそり　⑤ 銀河

◆ポイント◆　アルタイルの近くに見
える黄緑色に光る線はホタルです。ま
た，夏の天の川は銀河の中心方向を見
ているため，特にたくさんの星が重
なって濃く見えます。星座の並びをつ
くる星は太陽系と同じ天の川銀河に属
しています。

28 西

◆ポイント◆　オリオン座の3つ星は，
のぼるとき（東の空）は縦方向に，沈
むとき（西の空）は横方向に並びます。
25のオリオン座の3つ星も縦方向に並
んでいることが分かります。

29 アルデバラン，リゲル，
シリウス，プロキオン

◆ポイント◆　オリオン座の南中時に
は，下図のように1等星が並んでいます。
高い位置にあるポルックスとカペラは
この写真には写っていません。

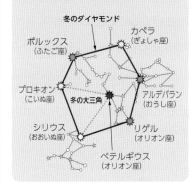

30 ① 日の出　② 夏

◆ポイント◆　下図のように，夏は真
東より北の方角から太陽がのぼります。
また，夏のオリオン座は太陽とほぼ同じ
方角にあります。

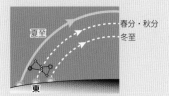

11

巻末解説 P.210・211

観察 あとの①〜⑦の写真を見て，次の問いに答えなさい。

☒ 31 カーブの外側の方が川の流れが速いことは，①のどのようなことから分かりますか。

☒ 32 ②について，左側が上流だと考えられる理由を探しましょう。

☒ 33 ③は同じ所を撮影したものです。Aと比べてBはどのような違いがありますか。

☒ 34 ④の施設は何でしょうか。

☒ 35 ⑤のAとBの段差はそれぞれ何のためにあるものですか。

☒ 36 ⑥について，西表島の白い砂浜はどのようにしてできたと考えられますか。

☒ 37 ⑦の地形はどのようにしてできたと考えられますか。

① カーブした川

② 川の中のアユ

③ 別々の日に撮影した利根川

A

B

④ 川沿いに見られる施設

⑤ 川の途中に見られるコンクリート製の段差

⑥ 西表島のサンゴ礁と海岸

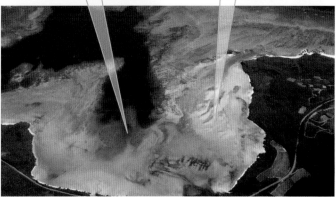

⑦ グランドキャニオン（アメリカ）

31　川のカーブの外側は崖になっており，また，カーブの外側に白波が立っている。

32　・川の魚はその場にとどまるために水の流れに逆らって泳ぐから。
　　・右側の石に対して左側の石が上におおいかぶさるように積み重なっているから。

33　川の水位が上昇し，川幅が広がり，水が土砂で茶色くにごっている。

◆ポイント◆　都市部では川が増水したときに備え，下図のようにあえて水をあふれさせて蓄えておくための遊水地をつくることがあります。

34　水力発電所

◆ポイント◆　発電機の中には下図のモーターのような部品が入っています。

35　A　土砂が下流に流れるのを防ぐ。
　　B　魚が上流にのぼれるようにする。

36　海岸から少し離れたところに見える茶色い生きたサンゴが死んで白いかけらになり潮によって流されてできた。

37　海底に堆積した土砂が地層になったものが地上に出てきて，川によって削られて谷ができた。

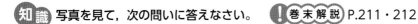

知識 写真を見て，次の問いに答えなさい。　巻末解説 P.211・212

☒ **38** 土砂は粒が大きいものほど ｛河口に近い　河口から遠い｝ 場所に堆積します。

 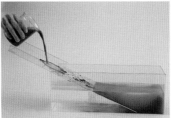

水
泥
砂
小石

☒ **39** 川から土砂が運ばれる量が増えるのはどのようなとき ですか。

☒ **40** 下図のように，川が山から平野に出るとき大量の土砂 が堆積して〔　①　〕と呼ばれる地形をつくります。ま た，河口付近には粒の小さい土砂が堆積して，水はけの 〔　②　〕，〔　③　〕と呼ばれる地形をつくります。

☒ **41** 川の曲がり方は年月とともに ①｛大きく　小さく｝ なっていき， 洪水などで水の流れる方向が変 わると，右図のように川の一部分 が取り残されてできた〔　②　〕 をつくることがあります。

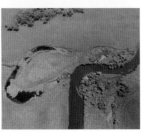

38　河口に近い

39　大雨によって川が増水した とき。

◆ポイント◆ 豪雨後には下図のように 上流から大量の土砂が運ばれてきます。

川の流れ

40 ①　扇状地　②　悪い ③　三角州

◆ポイント◆ 扇状地には小石や砂な どが多く堆積し水はけが良く，下図の ように川が地下にしみ込んでしまうこ ともあります。

▼普段の川の様子

▼水が流れている時の様子

また，泥や粘土は粒が目に見えないほど 小さく水を通しにくいため水田に向いて います。粘土は固めて焼くことでレンガ などに加工することができます（下図）。

41 ①　大きく　②　三日月湖

◆ポイント◆ 川の中流域は上流に比 べて傾斜がゆるやかになり，蛇行しや すくなります。

14

☒ 42　次の**A**・**B**のうち，どちらが上流の様子ですか。そのように考えた理由とともに答えなさい。

☒ 43　右図を見ると，川の下を電車が走っていますが，この川はもとは低いところを流れていました。このような川を天井川といいます。川の高さが昔より高くなったのはなぜだと考えられますか。

☒ 44　川から運ばれた土砂は海底に積もり地層をつくります。その後，〔　①　〕活動や〔　②　〕の運動などによって力がかかり，下図のように地層がななめになったり曲がったりすることがあります。

☒ 45　左下図は雪などが押し固められてできた〔　①　〕によって削られてできた谷で，〔　②　〕字谷と呼ばれます。このようにしてできた谷には右下図のように③{丸い　角ばった}石が多く堆積しています。

42　　**A**
理由　・角ばった大きな石が多い。
　　　・川の流れが急である。

◆ポイント◆　下流にいくほど，川の水に流された石どうしがぶつかりあって小さく丸くなります。また，川は下図のような湧き水から始まります。崖の地層から水が出る場合，水はけが悪い層のすぐ上から水がしみ出してきます。

43　川底に土砂がたまっていったから。

◆ポイント◆　自然の川は土砂がたまっては洪水であふれることを繰り返していますが，堤防をつくることで土砂がたまり続け川底が高くなります。

44　①　火山　②　プレート

◆ポイント◆　下図の世界最高峰のエベレストにも地層が見られることから，元は海底であったことが分かります。

45　①氷河　②U　③角ばった

◆ポイント◆　北欧の海岸では下図のように氷河がつくったフィヨルドと呼ばれる特徴的な入り江が多く見られます。

観察 あとの①〜⑧の写真を見て，次の問いに答えなさい。 巻末解説 P.213・214

☒ 46 ①について，AをもとにBは何が起こっているか考えてみましょう。

☒ 47 ②について，富士の樹海は溶岩が流れたあとにできた林です。普通の林とはどのような点が違いますか。

☒ 48 ③について，何のために設置されているものか考えてみましょう。

☒ 49 ④・⑤について，貝の化石は貝殻とどのような点が違いますか。

☒ 50 ⑥について，火山灰と川砂の似ている点や異なる点を探してみましょう。

☒ 51 ⑦について，茶色っぽい層（赤土の層）は火山灰の堆積物です。気づいたことを説明しなさい。

☒ 52 ⑧について，ボーリング調査では地下にある地層の様子をどのようにして調べていますか。

① 流れ出る溶岩

② 富士の樹海

③ 火山に設置されているもの

④ 川原で化石を掘る様子

⑤ 貝の化石（左）と貝殻（右）

⑥ 火山灰（上）と川砂（下）

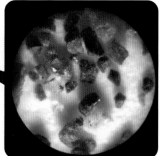

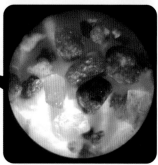

⑦ 千葉県銚子市に見られる崖（屏風ヶ浦）

⑧ ボーリング調査の様子（左）と取り出された地下の土砂（右）

46　海に流れ出た高温の溶岩によって水が沸騰し，大量の湯気が出るとともに溶岩が飛び散っている。

◆ポイント◆　地熱発電では，マグマの熱を利用して電気を生み出しています。

47　地面に岩が多く樹木の根が地表をはうように横にのびている。

◆ポイント◆　溶岩が流れたあとは土壌が貧しく，右図のようにコケのような生物が最初に生えてきます。

48　火山の噴火によって飛んでくる石（噴石）から身を守るための退避所として設置されている。

49　化石は岩石の中に入っており，成分も岩石に近くなっている。

◆ポイント◆　岩石の成分によっては，左下図のように宝石のような輝きをもつ化石になることもあります。また，右下図のコハクのように樹脂に取り込まれた生き物は，非常に良い状態で化石になります。

50　似ている点　黒・白・無色透明・緑などの粒からできている。
　　異なる点　火山灰は粒が角ばっていて，川砂は粒が丸みを帯びている。

51　・薄い茶色の層がいくつも見られることから，火山の噴火が何度も起こったと考えられる。
　　・一番上の火山灰層がとても厚く，直近に大量の火山灰が積もったことが分かる。

52　金属の筒を上から打ち込んで引き抜いたあと，筒の中に入っている地層の一部を観察する。

⊠ 53　上空に舞い上がった火山灰は〔　　〕によって流されます。

⊠ 54　軽石や溶岩などが高温の火山ガスと混ざり流れ下る〔　①　〕が発生すると，右下図のような被害をもたらします。〔　①　〕の温度は700℃に達することもあり，流れる速さは②{走る人　高速道路を走る自動車　上空を飛ぶ飛行機}程度といわれています。

⊠ 55　右図のようにドーム状に盛りあがった火山では，マグマのねばり気が①{強く　弱く}，冷えて固まると②{白　黒}っぽい岩石になるものが多く見られます。

⊠ 56　右図のような火山の近くで見られる白い煙に，もっとも多く含まれている気体は何ですか。

⊠ 57　右図のような火山で見られる穴だらけの石は，どのようにしてできたものですか。

53　風

◆ポイント◆　火山灰が堆積してできた岩石を凝灰岩といい，やわらかく加工しやすいため，彫像や建造物などに広く用いられています。

54　①　火砕流
　　②　高速道路を走る自動車

◆ポイント◆　火砕流にのまれた建造物は，形があまり変わらないまま焼け焦げるという特徴をもっています。

55　①　強く　　②　白

56　水蒸気

◆ポイント◆　白い煙は湯気ですが，二酸化硫黄や硫化水素などの有毒ガスが含まれていることもあるので注意が必要です。温泉でも，下図のようにこびりついた白い汚れのようなものが見られることがありますが，これは湯の花といい，ミョウバンや硫黄などが結晶化したものです。

57　マグマから火山ガスが出ることでできた。

◆ポイント◆　特に白っぽいものを軽石と呼びます。また，ホットケーキの断面が穴だらけになるのも，焼くときに下図のように気体が出るからです。

□ **58** 地球の表面は何枚もの〔　①　〕でおおわれており，下図のように地形を変えながら年間数cmずつ移動しています。〔　①　〕同士がぶつかると，片方が沈み込んで地下深くにある高温の〔　②　〕まで進み，とけてマグマになります。

□ **59** マグマが冷えて固まった岩石はどちらですか。

A

B

□ **60** 次の①〜③の生き物と関係のある化石をA〜Cから選びなさい。

①

A

②

B

③

C

58　① プレート　　② マントル

◆ポイント◆　58の写真はアイスランドにあるギャオという地形で，プレートの運動によって地面が引き裂かれています。

59　B

◆ポイント◆　Aはレキ岩，Bはカコウ岩です。マグマの温度は1000℃以上にもなりさまざまな成分が溶けていて，融点の違いによって冷えたときに出てくる結晶が異なります。また，カコウ岩が風化，侵食を受けてできた土砂を真砂土といい，庭土やグラウンドの土などに広く用いられています。

60　① C　　② A　　③ B

◆ポイント◆　①はカニ（シオマネキ）でCは巣穴の化石です。シオマネキのオスはメスを呼ぶために片方のはさみが大きくなっています。巣穴の周りにある丸い玉はカニが砂の中の栄養を食べるときに丸めたものです。

②はサンゴでAはサンゴの骨格の化石です。サンゴはイソギンチャクやクラゲの仲間で，炭酸カルシウムの硬い骨格をもちます。写真ではたくさんのサンゴが産卵をしています。

③はヘゴ（シダの仲間）でBは石炭です。石炭は大昔のシダなどの樹木が化石となったものです。現在の森林では分解者によって植物が分解されてしまうため，石炭ができることはほとんどありません。また，ふん（左下図）や足跡（右下図）のように生き物のからだそのものではないものも化石として残ります。

観察 あとの①〜⑦の写真を見て，次の問いに答えなさい。 **巻末解説** P.216・217

☒ 61 ①の写真の雨が降っている場所について，気づいたことを説明しなさい。

☒ 62 ②の写真を見て，虹について気づいたことを説明しなさい。

☒ 63 ③について，雨が降ると中の装置はどのように動きますか。

☒ 64 ④について，Aは春の初め頃，Bは秋の終わり頃に富士山の東側から（西側を向いて）撮影した様子です。どのような点が違いますか。

☒ 65 ⑤は6月下旬に撮影したものです。東京の時間帯や天気について考えてみましょう。

☒ 66 ⑥は富士山の南側から撮影したものです。秋の日や明け方と関係のあることを探してみましょう。

☒ 67 ⑦の装置は熱中症の危険度を測るために，A・Bの中に温度計が入っています。AとBについて気づいたことをそれぞれ説明しなさい。

① 積乱雲（入道雲・雷雲）

③ 雨量計

② 雨上がりに見える虹

④ 山中湖から見る富士山と夕日

A

B

⑤ 気象衛星ひまわりが撮影した地球

東京

⑥ 川岸で秋の日の明け方に見る富士山

⑦ 暑さ指数測定装置

A　　B

61　せまい範囲に強い雨が降ってお
　　り，雲の下の方が暗い。

◆ポイント◆
雨を降らせる雲は，
積乱雲の他に右図
のような乱層雲(雨
雲)があります。

62　内側の虹は明るく外側が赤で内
　　側が紫だが，外側の虹は暗く外側
　　が紫で内側が赤である。

63　上から雨水が落ちてきて一定量
　　たまると傾き，左右の穴に交互に
　　流れ落ちるようになっている。

64　Aは湖に張った氷がくだけて岸
　　に流れ着き，Bの方が日没の方角
　　が左（南）に寄っている。

◆ポイント◆　右図のよう
に，冬至に近いほど日の入
りが左(南)寄りになります。

夏至
春分・秋分
冬至
西

65　・東京のすぐ右(東)側が夜になっ
　　　ていることから，東京もじき
　　　に夜になる夕方頃である。
　　・梅雨前線が見られ，くもりか
　　　雨になっている。

◆ポイント◆　右図は
夏至（6月22日頃）の
日の地球と太陽の様子
です。⑤の写真は右図

の地軸を垂直にした状態で見たものです。

66　・落葉した木がある。
　　・ススキに穂がついている。
　　・川の上に霧が発生している。
　　・富士山の東側の斜面が日光で
　　　照らされている。

67　Aの温度計は黒い球におおわれ
　　ており，日差しが当たると中の温度
　　が高くなる。Bの温度計は色や形が
　　百葉箱と似たつくりになっている。

知識 写真を見て，次の問いに答えなさい。　❗巻末解説 P.217・218

⊠ **68**　下図の積乱雲は雨や雹，〔　①　〕などをもたらします。富士山などの高さと比べても，雲の高さは②{1・10・100} km程度まで成長することが分かります。

▼富士山

⊠ **69**　観天望気を表す図1〜図4について，説明しなさい。

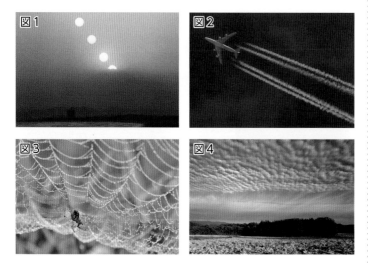

図1
図2
図3
図4

⊠ **70**　百葉箱の扉は，開けた時に直射日光が入らないように〔　①　〕の方角を向いています。また，風向とは風が吹いて②{いく　くる}方角です。右図の風向計を見ると，現在の風向は③{東　西　南　北}の方角だと分かります。そして，地面の穴の中には〔　④　〕が設置されています。

68　①　落雷　　②　10

◆ポイント◆　上昇気流によって雲の中で氷の粒がぶつかりあい電気が発生します。上空で横に広がる様子が下図の「かなとこ（熱くなった金属をたたく台）」に似ていることから，かなとこ雲とも呼ばれます。

69　図1　夕焼けがきれいに見えると晴れ
　　　図2　飛行機雲が長く残ると雨
　　　図3　クモの巣に朝露がつくと晴れ
　　　図4　うろこ雲が見えると雨

◆ポイント◆
日本の天気は偏西風によって西から東に変化します。春にはユーラシア大陸の砂漠から偏西風にのって右上図のような黄砂が飛んできます。

　温度の異なる空気がぶつかると，下図のように雲が列をなすように発生し，雨が降りやすくなります。この境目を前線といいます。

70　①　北　　②　くる
　　　③　南　　④　雨量計

◆ポイント◆　尾翼が風下の方を向きます。よって，写真の左側から風が吹いてきていることが分かります。また，降水量の単位は「㎜」で表し，容器の大きさが変わっても同じ数値を示します。

☒ **71** 太陽の動きは図1のように透明半球を使って確かめられます。図2は①{春分　夏至　秋分　冬至}の観察記録です。図3は夏に実際の空で太陽の動きを連続撮影した様子で②{東　西}の空を撮影したものです。

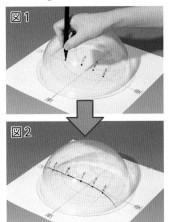

☒ **72** 71の図1について，油性ペンで印をつける位置はどのようにして確認すればよいですか。

☒ **73** 図1は夕方に太陽を観察している様子で，〔　①　〕が起きています。図2のように太陽の表面には黒点という温度がやや②{高い　低い}部分があります。

☒ **74** 73の図2の黒い点のうち，右上にある大きい点は黒点ではなく金星です。黒点との違いを説明しなさい。

☒ **75** 右図は日の入り頃のハワイのマウナケア山山頂にある天文台を撮影したものです。Aの斜面には雪が残っていますが，Bの斜面には雪が残っていないのはなぜですか。

71 ① 冬至　② 東

◆ポイント◆　冬は日の出と日の入りの方角が南寄りになります。また，北極や南極付近の地域では，下図のように太陽が地平線と平行に動いて沈まない日があり，白夜と呼ばれます。なお，図3では日食が起こっています。

72 油性ペンの先端の影が，東西南北の線の交点にくるようにする。

73 ① 部分日食　② 低い

◆ポイント◆　太陽を直接見ると失明の恐れがあります。部分日食のときは木漏れ日の形も下図のように欠けて見えます。

74 ・輪郭がはっきりしている。
・真円に近い形をしている。

◆ポイント◆　金星は地球より太陽系の内側を公転しています。太陽は球形をしているため，端の方にある黒点はつぶれて見えます。

75 Aの斜面は北の方角を向いているため日光が当たりにくく，Bの斜面は南を向いているため日光が当たりやすいから。

◆ポイント◆　マウナケア山は，晴れの日が多く空気も澄んでいて街の灯りがないため，天体観測に適しています。そのため，世界各国の天文台が設置されています。

観察 あとの①～⑦の写真を見て，次の問いに答えなさい。　⚠️巻末解説 P.219・220

☒ 76　①について，コオロギの成長の様子を順を追って説明してみましょう。

☒ 77　②について，モンシロチョウとアゲハの幼虫はそれぞれ何をしているところですか。

☒ 78　③について，スズメバチの巣の中の様子を説明してみましょう。

☒ 79　④について，ハサミムシの成長のしかたを説明してみましょう。

☒ 80　⑤について，羽化中のアブラゼミの様子を説明してみましょう。

☒ 81　⑥の昆虫について，あごや口の動きはヒトとどのような違いがありますか。

☒ 82　⑦のアリのような虫について，アリとはどのような点が違いますか。

① エンマコオロギ（卵から終齢幼虫まで）

② モンシロチョウの幼虫（左）とアゲハの幼虫（右）

③ スズメバチの巣

④ ハサミムシの巣

⑤ アブラゼミの羽化

⑥ 昆虫の顔

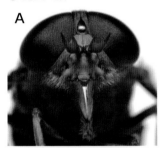
A

B

C

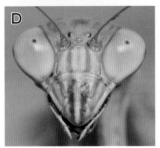
D

⑦ アリのような虫（左）とアリ（右）

76　卵の中で眼やからだの節ができ始めている。ふ化後，からだが黒く大きくなるとともにからだの模様が変わり，背中に小さなはねのようなものが4枚生え始める。

77　モンシロチョウは脱皮をしている最中で，からだの前半分ぐらいが抜け出ているところであり，アゲハは口から糸を吐き出しており，蛹になる準備をしているところである。

◆ポイント◆
アゲハの幼虫に見られる目玉模様は胸の部分にあり，頭には小さな単眼がついています。

においの出る角
眼
目玉模様

78　幼虫や蛹が1つの部屋に1匹ずつついて，一部は繭の中に入っている。また，幼虫がいる部屋と蛹がいる部屋がある程度まとまっており，産卵した時期が違うことが分かる。

79　親が卵や幼虫を守っている。また，幼虫の姿が成虫と似ていることから不完全変態だと考えられる。

80　からだが白く，はねが縮んでいる。

◆ポイント◆　木の根元に見られる指先程度の太さの穴はセミの幼虫が地中から出てきたときにできたものです。

81　左右に開閉すること。

82　・あしが8本ある点。
　　・おしりから糸が出ている点。

◆ポイント◆　⑦（左）はアリグモというクモです。クモは複眼がなく単眼が8個あります。なお，クモの頭の先に見られる短いあしのようなものは触肢です。

触肢

知識 写真を見て，次の問いに答えなさい。 **！巻末解説** P.220・221

☒ **83** 図1の生き物は〔 ① 〕で，〔 ② 〕に生息しています。図1のAは呼吸をする部分で〔 ③ 〕といい，図2のBは移動するための部分で〔 ④ 〕といいます。

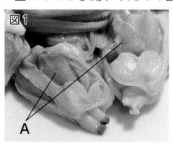
図1

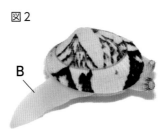
図2

☒ **84** 右図は〔 ① 〕という生き物で，北アメリカ原産の〔 ② 〕です。〔 ③ 〕ことから④{オス　メス}であると考えられます。

☒ **85** 図1の生き物はフジツボの幼生で水中を漂って生活する〔 ① 〕です。フジツボは成長すると図2のAのように岩にしっかりくっついて生活をします。AのフジツボやBの〔 ② 〕はカニやエビと同じ〔 ③ 〕動物の甲殻類のなかまです。

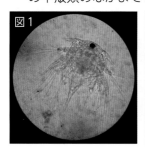
図1

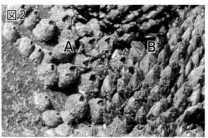
図2

☒ **86** 下のAとBのうち，①{A　B}は昆虫のなかまだと考えられます。Aの生き物の名前は②{フナムシ　シミ}，Bは③{フナムシ　シミ}です。

A

B

83 ① アサリ　　② 浅い海
③ えら　　　④ あし

◆ポイント◆ アサリは無セキツイ動物の軟体動物で，イカ・タコ・カタツムリなどと同じなかまです。水中で暮らすことの多いアサリはえらを使って呼吸をします。下図のカニ（節足動物の甲殻類）もえらで呼吸をしています。

えら

84 ① アメリカザリガニ
② 外来種
③ 卵をもっている
④ メス

◆ポイント◆ アメリカザリガニは食用として持ち込まれたウシガエルのえさとして，100年ほど前に日本に持ち込まれたといわれています。**84**の写真のように1度に500個前後の卵を産むため，個体数が増える速度がはやい生物です。

85 ① プランクトン
② カメノテ　③ 節足

◆ポイント◆ フジツボやカメノテは貝のように見えますが，貝のなかまではなく，カニやエビ，ミジンコ，ダンゴムシなどと同じ甲殻類です。海で暮らすカニやエビも卵から孵った幼生の頃は，プランクトンとして海水中を漂って生活するものが多くいます。

86 ① A　　② シミ
③ フナムシ

◆ポイント◆ Aはあしが6本あるので昆虫だと考えられます。Bはあしがたくさんあるので昆虫ではなく，フナムシ（甲殻類）です。シミは無変態の昆虫で，幼虫と成虫の姿がほとんど変わらないのが特徴です。

⊠ 87　下のA～Cの生き物の名前をそれぞれ答えなさい。

A

B

C

⊠ 88　下の①・②は，それぞれ何をしているところですか。

①

②

⊠ 89　下の①は，何という昆虫が何をしているところでしょうか。また，②には成虫になっている昆虫が何匹いますか。

①

②

⊠ 90　下のA～Cは，それぞれ何をしている様子ですか。

A

B

C

87　A　ダニ　　B　シラミ
　　C　シロアリ

◆ポイント◆　Aのダニはマダニのなかまで，あしが8本あるので昆虫ではなくクモ類です。Bのシラミははねのない不完全変態の昆虫で，あしが6本あることが分かります。Cのシロアリは不完全変態の社会性昆虫です。"アリ"と名前がついていますが，完全変態のアリとは違うなかまなので注意しましょう。

88　①　ゲンゴロウが水面でトンボを食べている。
　　②　アメンボが水面でトンボを食べている。

◆ポイント◆　①では，水面に落ちたトンボをゲンゴロウ（完全変態）が捕食しています。②では水面に落ちたトンボをアメンボ（不完全変態）が捕食しています。

89　①　テントウムシの幼虫がアブラムシを捕食しており，アリがアブラムシを守ろうとしている。
　　②　4匹

◆ポイント◆　①のテントウムシは，成虫も幼虫もアブラムシをえさにしています。アブラムシはアリに守ってもらうかわりに，おしりから出る甘い汁をアリに与えています。②の大きなアリは女王アリで，小さな3匹のアリははたらきアリ（メス）で，女王アリが産んだ卵や，卵から孵った幼虫，蛹の世話をします。

90　A　テントウムシが蛹から成虫に羽化している様子。
　　B　タガメが幼虫から成虫に羽化している様子。
　　C　トンボが幼虫であるヤゴから成虫に羽化している様子。

◆ポイント◆　すべて羽化の様子です。Aのテントウムシは完全変態で，BのタガメとCのトンボはどちらも不完全変態です。羽化直後はからだがやわらかくうすい色をしています。

観察 あとの①～⑩の写真を見て，次の問いに答えなさい。 **巻末解説** P.222

☒ **91** ①について，メスはどちらですか。また，オスは何をしているところですか。

☒ **92** ②について，メスは1回で約ぁ{2 20 200} 個の受精ぃ{する前 した後} の卵を水草に産み付けます。卵1個の直径は約ぅ{0.1 0.5 1 5} mmです。

☒ **93** ③の写真にメダカの卵はいくつありますか。また卵についてどのような違いがありますか。

☒ **94** ④と⑤の写真を見比べて気づいたことを説明しなさい。

☒ **95** ⑥の池の水は茶色くなっていました。それは，どのようなことと関係がありますか。

☒ **96** ⑦のミジンコについて気づいたことを説明しなさい。

☒ **97** ⑧のメダカは，目の前にいるミジンコを食べることができません。それはなぜですか。

☒ **98** ⑨のA・Bの切り身の違いについて，⑩の写真を参考にして説明しなさい。

① 産卵時のメダカのオスとメス

② 水草に卵を産み付けるメス

③ 水草に産み付けられた卵

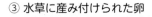

④ 小川にいるメダカ

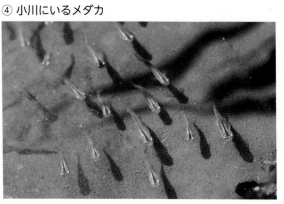

⑤ 睡蓮鉢にいるメダカ

⑥ 池の水（顕微鏡で拡大）

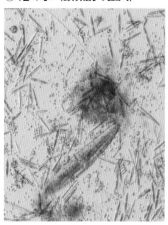

⑦ ミジンコ

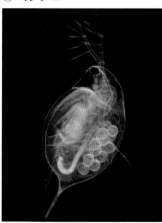

⑧ メダカとミジンコ

⑨ サケの切り身

A 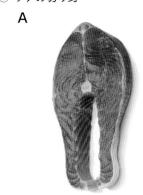　B

⑩ サケの切り身（全体）

91　メスは写真奥。オス（写真手前）は尻びれと背びれでメスのからだを包み、産卵をうながしている。

92　あ 20　い した後　う 1

93　卵は2個あり、片方（写真上）はメダカの眼やからだがはっきりしていることから、先に水草に産み付けられたものであると分かる。

94　水の流れがない⑤では、植物性プランクトンが増えて水が緑色になり、メダカの泳ぐ方向もばらばらである。また、水温が上がらないように直射日光をさえぎる工夫もされている。⑤は飼育用の橙色のメダカであるが、④は野生型のメダカで黒っぽい色をしている（下図）。

95　茶色いプランクトン（ケイソウ）が大繁殖している。

◆ポイント◆　⑥の写真下の方に大きく見えている緑色のプランクトンはミカヅキモです。

96　からだに節がある。また、卵をもち、植物性プランクトンを食べている。

97　子メダカであり、大きなミジンコを食べられるほどの大きさに成長していないから。

98　Aは頭の方を輪切りにしたもので、背骨の下に内臓が入っていた穴が大きく開いている。Bは尾の方を輪切りにしたため穴はほとんど見られない。

◆ポイント◆　下図はメダカの骨格で、魚の肛門は腹びれと尻びれの間にあり、そのあたりまでろっ骨におおわれた内臓が入っています。

☑ 99 図1・図2は水温25℃で生育した，産卵直後の卵と数時間後の卵です。

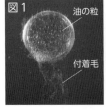 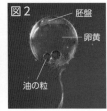

図1　油の粒　付着毛
図2　胚盤　卵黄　油の粒

① 図1・図2のどちらが産卵直後のものですか。
② 数時間でどのような変化が見られましたか。

☑ 100 図1～図4は受精してから2日後，4日後，8日後，11日後の卵ですが，順番に並んでいません。
① 成長の順番に並べなさい。
② どのような変化が見られましたか。
③ ふ化するのは何日後ですか。

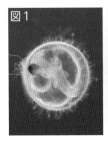  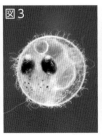 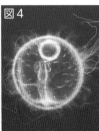

図1　図2　図3　図4

☑ 101 ふ化直後のメダカは図1・図2のどちらですか。また，そのように考えた理由を説明しなさい。

図1　図2

☑ 102 下図は①{オス　メス} が〔　②　〕様子です。①のひれをスケッチし，肛門の位置に○をつけなさい。

解答

99 ① 図1
　② 油の粒が集まって大きくなり，メダカのからだになる胚盤ができている。

100 ① 図4→図1→図3→図2
　② 日を追うごとにからだが大きくなり，目や血液ができていくのが分かる。
　③ 11日後

101 図1で，腹に栄養の入った袋（卵黄のう）が残っているから。

◆ポイント◆ サケの卵は「いくら」と呼ばれます。下の写真のように，サケの稚魚のお腹にも卵黄だった部分がついていることが分かります。

102 ① メス
　② 卵を食べている

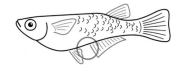

◆ポイント◆ オスは背びれに切れ込みがあり，しりびれが大きく平行四辺形に近い形をしています。また，親メダカは卵や稚魚を食べてしまうため，産卵後は卵を別の水槽に移します。

☒103 次の中から，メダカの天敵をすべて選びなさい。

オタマジャクシ

カワセミ

タガメ

ハクチョウ

ブラックバス

ヤゴ

☒104 右図のような，メダカに似た外来種が問題になっています。この魚の名前をあげ，メダカとの違いを説明しなさい。

メス

オス

☒105 次のA〜Iのプランクトンの名前をそれぞれ答え，光合成をするものを選びなさい。

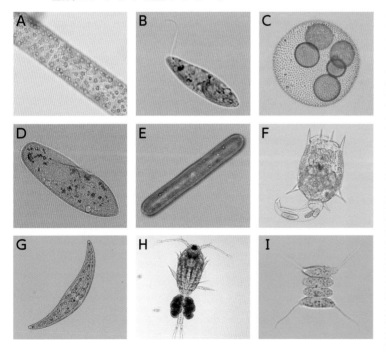

103 カワセミ・タガメ・ブラックバス・ヤゴ

◆ポイント◆ ブラックバスは外来種で，食用として輸入されましたが普及せず，釣りを目的として全国に拡大しました。

104 カダヤシ
違い
・オスとメスのからだの大きさに差がある。
・メスはお腹の中で稚魚を育てる。
・低温に弱い。

◆ポイント◆ カダヤシはボウフラを駆除するために輸入されました。

105 A アオミドロ
B ミドリムシ（ユーグレナ）
C ボルボックス
D ゾウリムシ
E ケイソウ（ハネケイソウ）
F ワムシ（ツボワムシ）
G ミカヅキモ
H ケンミジンコ
I イカダモ
光合成をするもの
A・B・C・E・G・I

◆ポイント◆ ミジンコはエビ・カニと同じ甲殻類のなかまです。下図はカニの幼生で，小さいときはミジンコと同じくプランクトンとして生活します。

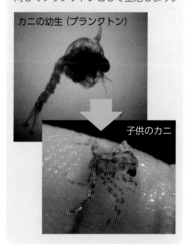

カニの幼生（プランクトン）

子供のカニ

観察 あとの①〜⑧の写真を見て，次の問いに答えなさい。 ！巻末解説 P.224

☒ 106 ①の写真の胎児の状態について，気づいたことを説明しなさい。

☒ 107 ②の写真の母犬や子犬について，気づいたことを説明しなさい。

☒ 108 ③・④の写真の卵やひなについて，気づいたことを説明しなさい。

☒ 109 ⑤は何をしているところですか。

☒ 110 ⑥について，カエルのうしろに泡があるのはなぜですか。

☒ 111 ⑦のヤモリが排水溝の中にいるのはなぜですか。

☒ 112 ⑧のコウモリはヒトやイヌと同じ哺乳類です。鳥とはどのような点が違いますか。

① ヒツジの胎児

② イヌの出産

③ ニワトリのふ化

④ 巣から落下したスズメのひな

⑤ オオヨシキリ（左）とカッコウ（右）

⑥ モリアオガエルの産卵

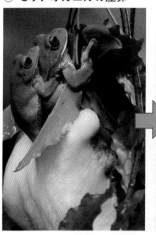

⑦ 排水溝の中にいるニホンヤモリ

⑧ 花の蜜をなめるコウモリ

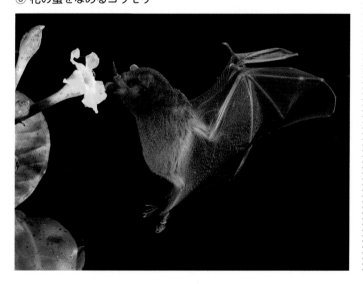

106　・風船のような膜（羊膜）の中で，頭を下にしている。
　　　・腹に血管の入ったホースのようなもの（へその緒）がつながっている。
　　　・黒い目ができはじめている。

107　・母犬がへその緒をかみ切ろうとしている。また，生まれた直後の子犬は羊水でぬれており，先に生まれた子犬は母乳を飲んでいる。

◆ポイント◆
右図のように，イヌの胎児も生まれた直後は羊膜に包まれています。

108　・③の卵の殻の内側には血管が見られ，ひなはぬれている。
　　　・④のひなは目が開いておらず，羽毛も生えていない。
　　　・④のひなのお腹にはふくらみがあり，卵黄がまだ完全に吸収されていない。

109　オオヨシキリがカッコウのひなにえさを与えている。

110　泡の中からふ化したオタマジャクシがたくさん出てくることから，2匹のカエルはオスとメスであり，泡の中に産んだ卵に精子をかけていると考えられる。

111　安全な場所で卵を産むため。

112　・くちばしがない点。
　　　・耳介（耳の飛び出した部分）がある点。
　　　・うでの先に長い指があり，羽毛がなく膜状の羽でつながっている点。

参考

セキツイ動物は背骨をもつ動物です。

背骨　肋骨　キタキツネ
カラス
エゾシカの死がい

☑113 イルカやクジラは哺乳類で〔 ① 〕呼吸をし，サメは魚類で〔 ② 〕呼吸をします。クジラの潮吹きは〔 ③ 〕の穴から出た〔 ④ 〕が〔 ⑤ 〕に変化したものです。

クジラ

サメ

☑114 右図はイルカの親子で，①{手前・奥}が母親で，〔 ② 〕をしているところです。

☑115 イルカの泳ぎ方とサメの泳ぎ方の違いを，尾びれのつくりに着目して説明しなさい。

☑116 下図は両生類のサンショウウオです。両生類は〔 ① 〕に産卵し，子は〔 ② 〕呼吸で，成長すると〔 ③ 〕呼吸になります。

☑117 右図のように，両生類のからだの表面は〔 ① 〕でおおわれており，乾燥から守るだけでなく，〔 ② 〕呼吸をするのにも役立っています。

113 ① 肺　　② えら　　③ 鼻
④ 水蒸気　　⑤ 水滴

◆ポイント◆ アジのえらぶたを開くと，くしのような形をした表面積の大きい赤いエラが何枚か見えます。

114 ① 奥　　② 授乳

◆ポイント◆ 哺乳類は血液の成分を母乳に変えて子育てをします。また，哺乳類には横隔膜があるため，お腹の中に胎児がいても肺を圧迫しません。

115 イルカの尾びれは水平についており，尾びれを上下に動かすことで前に進むつくりになっているが，サメは垂直についており，左右に動かして前に進む。

116 ① 水中　　② えら　　③ 肺

◆ポイント◆ 下図のウーパールーパー（メキシコサラマンダー）はえらをもったまま成熟し，繁殖することができます。

117 ① 粘膜　　② 皮膚

◆ポイント◆ 両生類の肺は単純なつくりをしており，皮膚呼吸の割合が高くなっています。ヒトの皮膚は死んだ細胞でおおわれており，皮膚呼吸は行っていません。

☒118　右図はは虫類のヘビです。は虫類はからだの表面がたくさんの〔　①　〕でおおわれており，定期的に〔　②　〕をします。

☒119　下図について
① 図1で，ヒヨコのからだになる部分を○で囲みなさい。
② 図2で，鳥の羽にあたる部分は，ヒトの〔　A　〕と同じ部分ですが，〔　B　〕が退化していることが分かります。

図1

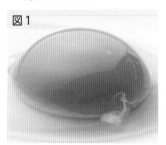

図2

☒120　次のA～Gの動物の名前を答え，魚類・両生類・は虫類・鳥類・哺乳類のどれに分類されるか答えなさい。

A

B

C

D

E

F

G
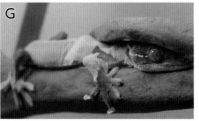

118　① うろこ　② 脱皮

◆ポイント◆ は虫類のうろこは皮膚の表面がかたくなったもので，節足動物のように成長するための脱皮ではありません。また，魚類のうろこは皮膚の中にできた骨で，脱皮はしません。

119　① 右図
② A うで
　　B 指

◆ポイント◆ 有精卵の場合，胚が大きくなっていき血管がのびてくる様子が見られます。
ニワトリのうでの先の部分は手羽先と呼ばれます（右図）。

120　A シャチ・哺乳類
　　B トビハゼ・魚類
　　C イモリ・両生類
　　D ワニ・は虫類
　　E ウミガメ・は虫類
　　F ペンギン・鳥類
　　G ヤモリ・は虫類

参考

　オーストラリア大陸は他の大陸から早くに分かれたため，カモノハシやハリモグラなどの卵生の哺乳類や，カンガルーやコアラなどの胎児を未熟な状態で産む有袋類など変わった哺乳類が存在します。また，胎生の生き物は哺乳類以外にも見られます。

カモノハシ

ハリモグラ

観察 あとの①〜⑥の写真を見て，次の問いに答えなさい。 **巻末解説** P.226

☒ **121** ①について，カラスノエンドウの果実（さや）を探し，時間とともにどのように変化しているか考えてみましょう。

☒ **122** ①について，カラスノエンドウの種子はどのようにして広がると考えられますか。

☒ **123** ②について，豆の黒い部分をへそといいます。へそとはどのような部分ですか。

☒ **124** ③のアサガオとイネについて，発芽の様子にどのような違いがありますか。

☒ **125** ④のダイコンについて，成長とともにどのような変化が見られますか。

☒ **126** ⑤について，ゾウムシはドングリやクリに産卵します。どのように産卵しますか。

☒ **127** ⑥の写真の野菜工場では，室内で人工的に管理して栽培した野菜を出荷します。気づいたことを説明しなさい。

① 道端に生えているカラスノエンドウ

② エンドウとソラマメ　　　③ アサガオとイネの発芽

エンドウ　　　　　　　　　アサガオ　　　　　　　　　イネ

ソラマメ

36

④ ダイコンの栽培

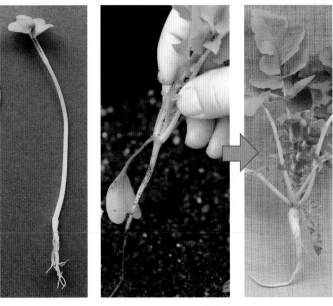

⑤ カシのドングリ（左）とクリ（右）につくゾウムシ

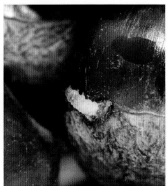

⑥ ブロッコリーを栽培している野菜工場

121　最初はさやが緑色をしているが，種子が熟すと黒くなり，ねじれるように開く。

122　さやがねじれて開くときに，周囲に種子が散らばる。

◆ポイント◆
豆のさやはめしべの子房だった部分で，受粉後は右図のインゲンマメのように，子房以外の部分が枯れていきます。

123　へそはさやとつながっており，種子が散らばるときに外れる。

◆ポイント◆　エンドウの種子をグリーンピース，発芽直後のものを豆苗（右図）といいます。子葉（種子の栄養）が根元についているので，切ってもまた何度かのびてきます。

124　アサガオは種皮を脱ぎ捨てるように中身がすべて出てきており，中身はほとんど葉（子葉・双葉）である。それに対し，イネは種了の1か所から小さな芽と根が出てくる。

125　子葉がなくなり，根（主根）が太くなっていく。

126　未熟な青いドングリに長い口をさして穴を開けて卵を産み付ける。

127　部屋が全体的に赤紫色に照らされているので，青いライトと赤いライトが並んでいると考えられる。

◆ポイント◆　赤・青・緑を光の3原色といい，右図のように重ねて別の色をつくることができます。

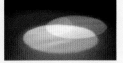

☑128　下図は①{春・夏・秋・冬} に花を咲かせるオシロイバナです。種子を割ると中から白い粉が出てきますが，これは種子の〔　②　〕の部分です。

☑129　ドングリは〔　①　〕科の植物がつける実のことをさし，〔　②　〕に養分をたくわえている〔　③　〕種子です。

☑130　右図はクリを縦に切断した様子です。
　①　植物の発芽は一般的に芽・根のどちらが最初に出てきますか。
　②　クリが発芽した直後の様子を作図してみましょう。

☑131　図1・図2はどちらもダイズの発芽直後の様子です。見た目にどのような違いがありますか。

図1
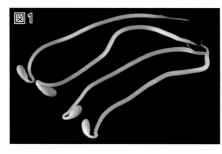
図2

☑132　131のような違いがあらわれるのはなぜですか。

128　①　夏　　②　胚乳

◆ポイント◆　双子葉植物は子葉に発芽のための養分をたくわえるものが多く見られますが，オシロイバナや下図のカキのように胚乳に養分をたくわえるものもあります。

129　①　ブナ　　②　子葉
　③　無胚乳

◆ポイント◆　ドングリの中身が発芽したあと，2つに開いていることから，双子葉植物の子葉であることが分かります。下図は落花生（ピーナッツ）の種子のつくりです。

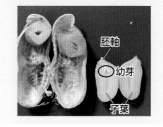

胚軸
幼芽
子葉

130　①　根　②　下の写真を参照

◆ポイント◆　クリはドングリと同じブナ科の植物で子葉に養分をたくわえています。断面を見ると先端付近に幼根があることが分かります。

131　図1は図2に比べて細長く，子葉が黄色い。

132　図1は日光を当てずに育てたから。

☒**133**　下図はマツの①{おばな　めばな}で，松ぼっくりの中にある種子は〔　②　〕によって運ばれます。

松ぼっくり

マツの種子

☒**134**　次のA〜Cの植物の名前と種子の散布方法を答えなさい。

A

B

C

☒**135**　次の食品および加工品としてよく見られる種子の中から，無胚乳種子をすべて選びなさい。

オオムギ

ヒマワリ

トウモロコシ

クルミ

133　①　めばな　　②　風

◆ポイント◆　松ぼっくりは晴れの日に開いて，はねのついた種子が回転しながら飛ばされていきます。
　マツは裸子植物で子房がありません。同じく裸子植物のイチョウのめばな（左下図）には，右下図のようにギンナンという種子ができます。

134　A　カタバミ→実がはじけて散らばる。
　　　B　イロハモミジ→風にのって飛ぶ。
　　　C　オナモミ→動物の毛について運ばれる。

◆ポイント◆　オナモミのような果実のつくりを参考にして，下図のような面ファスナーが発明されました。

135　ヒマワリ・クルミ

◆ポイント◆　ヒマワリ・クルミは双子葉植物で子葉の部分に養分をたくわえています。麦飯などに使うオオムギは，主に胚乳の部分を食べています。ポップコーンはトウモロコシの胚乳が加熱されてはじけてふわふわになったものです。
　ほかには，カラシナ（アブラナ科）の種子を加工したマスタードなどもあります（右下図）。

アブラナの種子

マスタード

□1cm方眼

観察 あとの①〜⑧の写真を見て，次の問いに答えなさい。　巻末解説 P.228・229

⊠ 136　①のアブラナの写真のＡで示した部分は何ですか。

⊠ 137　①について，アブラナの花が下の方から順に咲くことが分かる特徴を説明しなさい。

⊠ 138　②について，ツツジの花粉がマルハナバチにつくのはなぜですか。

⊠ 139　③と④の花は，昆虫の体に花粉をつけるためにそれぞれどのようなつくりをしていますか。

⊠ 140　⑤と⑥について，昆虫がきても花粉が運ばれないこともあります。それはなぜですか。

⊠ 141　⑦について，自家受粉を効率よく行うためにアサガオはどのようなしくみをもっていますか。

⊠ 142　⑧について，ソバは虫媒花ですがＡとＢの２種類の花を咲かせ，同じ型どうしでは実をつくりません。どのようなつくりの違いがありますか。

① アブラナ

Ａの内部

② ツツジとマルハナバチ

③ レンゲソウとミツバチ

④ ツユクサとハナアブのなかま

⑤ ツリフネソウとスズメガ

⑥ アベリア（ハナツクバネウツギ）とクマバチ

⑦ アサガオ

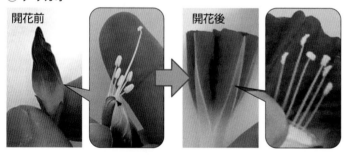

開花前　　　　　　　　開花後

⑧ ソバとハエ

A

B

136　受粉してしばらくたったあとの子房であり，中に未熟な種子がたくさん入っている。

137　下にある花は，がくや花びらが散り，子房がふくらんでいる。

138　花の奥の方に蜜があり，花にもぐり込まないと得られない。また，花粉がねばねばしている。

139　③　ミツバチが花びらにとまると，花びらが開いておしべが飛び出し，ミツバチのからだにつくようになっている。
　　　④　昆虫がとまりやすいように長いおしべがあり，とまった昆虫の腹に花粉が押しつけられるようになっている。

◆ポイント◆　ミツバチは後ろあしに花粉をまとめて巣まで持ち帰り,幼虫のえさにします。

140　⑤　花にもぐり込まずに長い口で蜜を吸うため，スズメガのからだに花粉がつかないから。
　　　⑥　花にもぐり込まずに口で花の根元に穴をあけ蜜を吸うため，クマバチのからだに花粉がつかないから。

◆ポイント◆　左下図のユリは，チョウなどの口が長い昆虫に花粉を運んでもらうため,おしべが長くつき出ています。また，右下図はダーウィンがマダガスカル島で発見したランのなかまで，長さ30cmもの管の先に蜜があり，口の長い特定のガが花粉を運びます。

141　つぼみが開くとき，おしべがのびてめしべの柱頭にふれる。

142　Aの花はおしべが長くめしべが短いが，Bの花はおしべが短くめしべが長い。

◆ポイント◆　長いおしべの花粉は長いめしべの柱頭に，短いおしべの花粉は短いめしべの柱頭につきやすくなっています。

41

☒**143** 下図はナスの花が実になるまで撮影したものです。A〜Fを順番に並び替えなさい。

☒**144** 右図はキュウリのめ花で，矢印の部分は〔 ① 〕です。また,受粉後,種子のもととなる〔 ② 〕が成長していることが分かります。

☒**145** 下図はヒマワリの花の断面です。花粉には〔 ① 〕があり，②{虫媒花 風媒花}であることが分かります。

おしべの花粉

☒**146** ヒマワリの一番外側の花にはおしべもめしべもなく，種子をつくることができません。この花の役割は何ですか。

---

143 E→C→B→A→F→D

◆ポイント◆ おしべを取りのぞくと，下図のように子房が見えます。

子房

また，Fの状態の花を切り開くと，下図のように子房が大きくなってきていることが分かります。

144 ① 子房 ② 胚珠

◆ポイント◆ 143のナスとは違い，がくの下に子房があります。

145 ① とげ ② 虫媒花

146 大きく目立つ花びらで，昆虫を呼び寄せること。

◆ポイント◆ 花粉が柱頭につくと，右図（エンドウの花粉）のように花粉管という管が胚珠まで伸びて受精します。また，下図はヒマワリと同じ  キク科の植物であるレタスの花と種子です。花はタンポポに似ており，タンポポと同じく綿毛ができます。

⊠147 下図はマツのお花です。花粉は小さく〔　①　〕があり，②{虫媒花　風媒花}であることが分かります。

⊠148 下図はトウモロコシのめ花が成長する様子です。トウモロコシのひげの本数と粒の個数が同じである理由を説明しなさい。

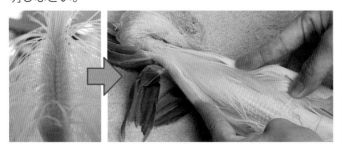

⊠149 下図のA・Bの花は何のなかまですか。また，花粉を媒介している動物は何ですか。それぞれ答えなさい。

⊠150 キノコは植物ではなくカビの仲間です。湿気の多いところに置いておいたキノコの傘の裏側を黒い紙に押し付けると白い粉がつきました。この粉は何ですか。

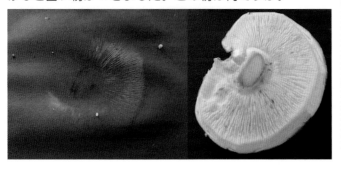

147 ①　空気袋　　②　風媒花

◆ポイント◆　花粉症を引き起こすのは主に風媒花の花粉です。左下図はスギ（2月〜4月），右下図はブタクサ（8〜10月）です。

148 トウモロコシのひげはめしべの柱頭であり，粒は子房であるため，1個の粒につき1本のひげが生えているから。

◆ポイント◆　トウモロコシが熟すとひげが枯れて茶色っぽくなります。また，左下図はイネ，右下図はエノコログサ（ねこじゃらし）の花で，トウモロコシと同じイネ科の植物です。よく見ると花からおしべが飛び出しているのが分かります。

149 A　アジサイ・ハナムグリ
　　B　サクラ・メジロ

150 胞子

◆ポイント◆　下図のスギナ（つくし）のように，胞子でふえる植物もいます。

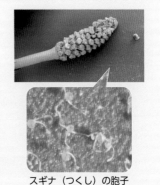

スギナ（つくし）の胞子

ガスコンロ（都市ガス）

液化天然ガス（LNG）由来の都市ガスの燃料は、可燃性の気体であるメタンが主成分です。炭化水素の1つで燃焼すると二酸化炭素と水になります。無色無臭ですが、ガス漏れに気づけるよう、卵が腐ったようなにおいがつけてあります。メタンは空気より軽く、強い温室効果がある気体です。

LPガス（液化石油ガス）

主成分は可燃性の気体であるプロパンです。炭化水素の1つで燃焼すると二酸化炭素と水になります。原油や天然ガスから取り出した気体燃料を冷却や圧縮をして液体にしたもので、無色無臭ですが、ガス漏れに気づけるよう卵が腐ったようなにおいがつけてあります。プロパンは空気より重い気体です。

カセットコンロ

カセットコンロに使用するガスは、原油や天然ガスから取り出した可燃性の気体であるブタンです。ブタンは炭化水素の1つで、燃焼すると二酸化炭素と水になります。他に使い捨てのライターなどの燃料にも使用されます。ブタンは空気やプロパンより重い気体です。

乾燥剤

せんべいなどの袋の中には乾燥剤を入れて、湿気をおびるのを防ぎます。透明で粒状のシリカゲルは多孔質で表面積が大きいため、効率よく水分を吸収します。ほかに酸化カルシウムを使った乾燥剤もあり、こちらは水分を吸収すると発熱するので注意しましょう。

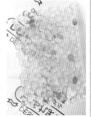

脱酸素剤

焼き菓子などの袋の中には食品の酸化を防ぐために、脱酸素剤が入っていることがあります。酸素をなくすことで、味の変質を防ぐだけでなく、カビなどの繁殖も抑えることができます。脱酸素剤の中には鉄粉が入っており、鉄が酸素と結びついてさびる性質を利用しています。

融雪剤（凍結防止剤）

融雪剤として塩化カルシウム（右図の丸囲み内）や塩化ナトリウムが利用されます。まくと雪をとかしたり、路面が凍るのを防いだりします。この作用は、どちらも水に溶けて水溶液になると、0℃よりずっと低い温度にならないと凍らないことと関係があります。また、どちらも寒剤としても利用されます。

硬貨と10円玉のさび

硬貨は100％アルミニウムでできた1円玉以外は、銅の合金でできています。例えば10円玉は銅と亜鉛とすずの合金である青銅です。10円玉にできるさびは赤さびや緑青です。銅の赤さびは鉄の赤さびと違い内部を守ります。中までぼろぼろになる赤さびをつくる鉄は、硬貨に適していません。

使い捨てカイロ

使い捨てカイロの中身は、外の空気中の酸素と結びついて発熱するための鉄粉、酸素を吸着するための活性炭、酸素と鉄が結びつきやすくするための食塩と吸水材に含まれた水です。外のビニールの袋は空気を通さず、中の袋は空気を通すつくりになっています。

海

海水の塩分濃度は3.5％程度で、溶けている物質のほとんどは食塩（塩化ナトリウム）ですが、それ以外にも塩化マグネシウムなどさまざまな物質が溶けています。海水から食塩を得た後の残った塩分は"にがり"と呼ばれ、豆腐の凝固剤などに利用されます。

空気（大気）

空が青いのは空気があるからで、大気のない月では太陽が出ていても空は真っ黒です。空気の成分は、窒素が約78％、酸素が約21％、アルゴンが約0.9％、二酸化炭素が約0.04％です。雲が生じる地上10km程度までの対流圏の上にはオゾンが濃いオゾン層のある成層圏があります。

浮く風船と飛行船

2番目に軽い気体であるヘリウムが中に入っています。ヘリウムは他の物質と結びつきにくいので、可燃性もなく、最も軽い気体である水素のように爆発する危険がありません。昔は、水素を使って浮かせていましたが、危険が大きいため、現在はヘリウムが使われています。

太陽

太陽は気体でできており、地球のように岩石などの固体はありません。主な成分は水素とヘリウムで、密度は1.4g/cm³と地球と比べると小さいが太陽の大きさは地球と比べると体積で100万倍になり、地球より太陽の方がずっと重い星です。

電池

上はマンガン電池で、亜鉛の器の中に二酸化マンガンなどが満たされており、真ん中には炭素棒が入っています。薬品の反応を利用して電気をつくっていて、使い捨てです。右図下のリチウムイオン電池は、充電をすると繰り返し何度でも使うことができます。

EVとFCV

右図上が電気自動車（EV）、右図下が燃料電池自動車（FCV）です。EVは完全に電気で走る自動車で、充電をする必要があります。中にはリチウムイオン電池が入っています。FCVは水素を燃料にして空気中の酸素と反応させて電気をつくる燃料電池が入っています。どちらも二酸化炭素を出さない自動車です。

大谷石と御影石

大谷石（右図上）は流紋岩質の多孔質になっている凝灰岩で、栃木県宇都宮市大谷地区で採れます。軽く耐熱性にすぐれているため、建築材として利用されています。御影石（右図下）はカコウ岩で美しく耐久性の高い建築材です。同じ深成岩のセンリョク岩やハンレイ岩は黒御影と呼ばれることもあります。

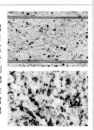

地球

地球は地殻・マントル・核からなる惑星で、密度は5.5g/cm³と太陽系の惑星では最も大きいです。岩石の密度が約3g/cm³で、地球の中には、主に核の部分に岩石よりずっと重い密度が約7.9g/cm³の鉄が多く含まれていると考えられています。

体温計と温度計

右図上が水銀体温計、右図下がアルコール温度計（着色した灯油が入っている）です。どちらも温度変化に対する体積変化を利用します。水は温度変化に対する体積変化が一定ではなく、4℃で最も体積が小さく、0℃で凍り、100℃で沸騰するなど温度計には適していません。

ヒト

ヒトをつくる成分の中で最も多いのが水です。おとなで6割程度を水分が占めます。次に多いのがたんぱく質で、15％程度を占めます。たんぱく質は血液や筋肉の材料です。その他は、脂肪や炭水化物といったエネルギーのもとになるものや骨などのもとになるミネラルで構成されています。

第 II 部
中学受験理科の重要知識

　第 II 部では，中学受験理科の「コア ＝ 核」となる重要知識を全分野網羅しています。

　どの中学校を志望する受験生も，まずはこの第 II 部の完全習得を目指してがんばりましょう。

第1章 化学編

第1節 状態変化・熱の移動

☒**151** 下のA〜Fに当てはまる状態変化を何といいますか。

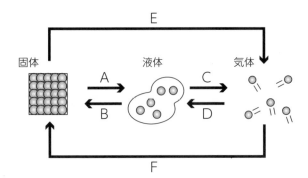

151 A 融解
B 凝固
C 気化
D 凝縮（凝結）
E 昇華
F 昇華（凝華）

☒**152** 次の各現象は**151**で答えたどの変化に関係がありますか。
① 冷たい水を入れたコップの表面が白くくもった。
② おなべのふたを取ったら白いゆげが上がった。
③ 花びんの中の水がいつの間にか減っていた。
④ ドライアイスを水に入れるとさかんに泡が出た。

152 ① 凝縮
② 凝縮
③ 気化
④ 昇華

◆ポイント◆ ドライアイスを水に入れたとき，水面上に見える白い煙は，水蒸気が冷やされてできた水や氷の粒です。

☒**153** 自然界で次の現象が見られることの直接の原因となっているのは**151**で答えたどの変化ですか。
① 雲（2つ答える）
② 霧・露
③ 霜
④ 霜柱・氷柱

153 ① 凝縮・昇華
② 凝縮
③ 昇華
④ 凝固

◆ポイント◆ 霜は空気中の水蒸気が葉などで氷になってついたもの，霜柱は地中の水が柱状の氷になったものです。

☒ 154 丸底フラスコに細かく砕いた氷を入れ，一定の火力で熱して温度変化の様子を調べました。

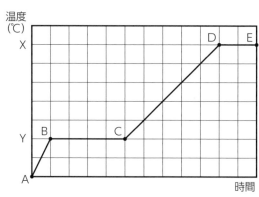

① X・Yに当てはまる温度はそれぞれ何℃ですか。
② BC間で温度が変化していないのはなぜですか。
③ 氷と水を比べると氷の方があたたまりやすいといえるのはなぜですか。
④ 液体の水があるのはA〜Eのどこからどこまでですか。

☒ 155 右下図のように丸底フラスコに水と沸騰石（ふっとうせき）を入れ，ガスバーナーで加熱して様子を観察しました。

① 加熱し始めてすぐに丸底フラスコの外側が白くくもるのはなぜですか。
② ①のくもりがすぐに消えるのはなぜですか。
③ しばらくしてフラスコの内壁に見えてくる小さな泡は何ですか。
④ 沸騰したとき，水の中から次々と出てくる大きな泡は何ですか。
⑤ 沸騰石を入れておくのは何のためですか。

水
沸騰石（とっぷつ）

☒ 156 「蒸発」と「沸騰」の違いを簡単に説明しなさい。

☒ 157 暑い日に庭に水をまくと少し涼しくなるのはなぜですか。

154 ① X 100℃　Y 0℃
② 氷をとかすために熱がすべて使われるため。
③ 同じ温度上昇するのにかかる時間を比べると氷の方が短くなっているから。
④ B〜E

155 ① ガスの燃焼によって生じた水蒸気がフラスコで冷やされ，水滴となってつくから。
② 温度が上がり，フラスコの表面についていた水滴が蒸発するから。
③ 水に溶けていた空気
④ 水蒸気
⑤ 突沸（とっぷつ）（急に沸き立って熱湯が吹き出すこと）を防ぐため。

◆ポイント◆　空気に含まれる窒素や酸素などの気体は水温が低い方が水に溶けやすく，水温が上がると溶けきれなくなった空気が泡となって出てきます。

156 沸点に達していなくても起こり，水面のみから水が水蒸気に変化するのが蒸発で，沸点に達して，水中からも水が水蒸気に変化するのが沸騰。

157 水が蒸発するときに地面から気化熱を奪うため。

☒158 ろうは固体より液体のときの方が体積が①{大きく　小さく}，ろうの固体はろうの液体に②{浮き　沈み}ます。

158　①　大きく
　　　②　沈み

☒159 水は液体より固体のときの方が体積が①{大きく　小さく}，水をこおらせると体積は約〔　②　〕倍になります。（②は小数第1位まで答える）

159　①　大きく
　　　②　1.1

☒160 水の密度（1㎤あたりの重さ）は約〔　①　〕℃のとき最大となり，約〔　②　〕℃のとき最小となります。（整数で答える）

160　①　4
　　　②　100

☒161 100℃の水が沸騰して100℃の水蒸気になると，体積は約〔　　〕倍になります。（百の位まで整数で答える）

161　1600

◆ポイント◆　100℃の水蒸気の体積は，100℃の水と比べると約1600倍，4℃の水と比べると約1700倍です。

☒162 右図のようにして空のフラスコを手で持っていると，赤インクが右に動きました。
　①　赤インクが右に動いたのはなぜですか。
　②　赤インクを左に動かすにはどうすればよいですか。

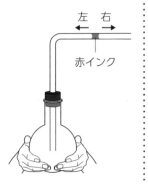

162　①　手の熱でフラスコ内の空気があたたまり，体積が大きくなったから。
　　　②　フラスコを氷水などにつけて冷やす。

☒163 熱気球は，ガスバーナーで気球の中の空気をあたためると上昇します。熱気球が上昇するのはなぜですか。

163　気球の中の空気が膨張し，同じ体積あたりの重さが周りの空気より軽くなるから。

☒164 右図のように，毛細管（中の水の通り道が細くなったガラス管）を取り付けたフラスコを熱湯につけると，毛細管の中の水面の高さはどのように変化しますか。

毛細管
色水
熱湯

164　いったん少し下がり，その後大きく上がる。

◆ポイント◆　はじめは，熱湯により丸底フラスコが膨張して容積が増えるため，毛細管の中の水面が少し下がります。その後，フラスコ内の色水が膨張するため，水面が大きく上がります。

⊠165 右図で，金属の輪をガスバーナーで
強く熱すると，Aの長さは①{長く
短く}，Bの長さは②{長く　短く}なり
ます。

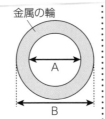
金属の輪

165　①　長く
　　　②　長く

⊠166 右図で，金属棒を
アルコールランプの
炎で熱すると，ぬい
針が①{ア　イ}の
方に回転し，指針
が②{ア　イ}の方に
回転します。

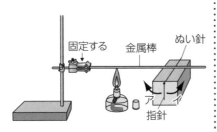
固定する　金属棒　ぬい針

アイ
指針

166　①　ア
　　　②　ア

◆ポイント◆
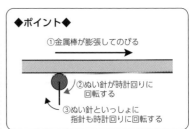
①金属棒が膨張してのびる
②ぬい針が時計回りに回転する
③ぬい針といっしょに指針も時計回りに回転する

⊠167 熱による体積変化の大きさについて
①　鉄・銅・アルミニウムの3つを，熱による体積変化
の大きい順に並べなさい。
②　固体・液体・気体の3つを，熱による体積変化の大
きい順に並べなさい。

167　①　アルミニウム＞銅＞鉄
　　　②　気体＞液体＞固体

⊠168 下図のように熱湯でア〜ウをあたためました。

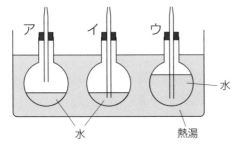
ア　イ　ウ

水
水　熱湯

①　ア〜ウでガラス管から最も勢いよく水がふき出すも
のはどれですか。
②　①で答えたものが最も勢いよく水がふき出すことか
ら分かることは何ですか。

168　①　イ
　　　②　水より空気の方が熱によ
　　　　　る体積変化が大きいこと。

◆ポイント◆　アはガラス管が水面に
触れていないため，水がふき出すこと
はありません。

☒ **169**　下図のようにして使う「2種類の金属をはり合わせたもの」のことを〔　①　〕といいます。こたつやヘアードライヤーのサーモスタット（自動温度調節装置）などに利用されています。金属Aと金属Bを比べると，熱によってのびやすいのは金属②{A　B} です。

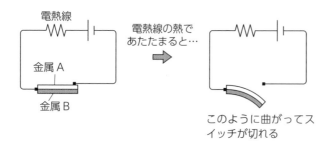

電熱線の熱であたたまると…

このように曲がってスイッチが切れる

☒ **170**　下図のように金属の棒をアルコールランプの炎で熱しました。

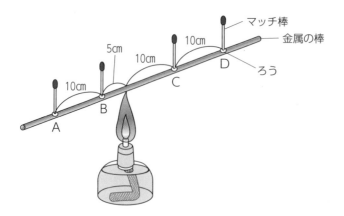

マッチ棒
金属の棒
ろう

　①　ろうがとけてマッチ棒A〜Dが落ちる順に並べなさい。
　②　このような，金属の棒のあたたまり方を何といいますか。

☒ **171**　伝導による熱の伝わりやすさについて
　①　鉄・銅・アルミニウムの3つを，熱の伝わりやすい順に並べなさい。
　②　固体・液体・気体の3つを，熱の伝わりやすい順に並べなさい。

169　①　バイメタル
　　　②　A

◆ポイント◆　例えば鉄とアルミニウムでバイメタルをつくるとき，金属Aがアルミニウム，金属Bが鉄になります。
　スイッチが切れると電熱線に電流が流れなくなり，バイメタルが冷めて元に戻ります。すると，再びスイッチが入り電熱線に電流が流れるため，バイメタルがあたたまります。

170　①　B→C→A→D
　　　②　伝導

◆ポイント◆　物の内部を熱が順に伝わってあたたまることを伝導といいます。伝導では，同じ距離であれば上から下へ伝わるのと，下から上へ伝わるのとでは，伝わりやすさは変わりません。

171　①　銅＞アルミニウム＞鉄
　　　②　固体＞液体＞気体

☒ **172** 図1と図2のようにすると，水に動きが見られました。

172 ①

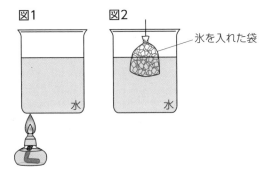
図1　図2
氷を入れた袋
水　水

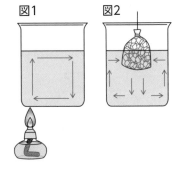
図1　図2

① 図1と図2で，水はどのように動きますか。矢印で示しなさい。

② このような熱の伝わり方を何といいますか。

③ 図1の上の方と下の方にある水の温度を比べると，どちらが早く温度が高くなりますか。

② 対流
③ 上の方

☒ **173** 下図のアとイで，温度の上がり方の違いを調べました。

173 ① イ・黒色の方が白色より日光を吸収しやすいため。
② 放射

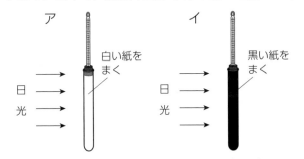
ア　イ
白い紙をまく
黒い紙をまく
日光　日光

◆ポイント◆ 日光のような光が物に当たって吸収されると熱が伝わります。このような熱の伝わり方を放射といいます。

① アとイとでは，どちらが早く温度が上がりますか。また，それはなぜですか。

② このような熱の伝わり方を何といいますか。

☒ **174** 次の各現象は，伝導・対流・放射のどれと最も関係が深いですか。

174 ① 対流
② 対流
③ 伝導
④ 放射
⑤ 伝導
⑥ 放射
⑦ 放射

① エアコンの吹き出し口は，冷房運転のときは上に，暖房運転のときは下に向けるとよい。

② 風呂の湯は，上の方だけ熱くなっている場合がある。

③ 発泡スチロールの容器は，保温や保冷のために使われる。

④ 気温の低い日も，日なたに出るとあたたかく感じる。

⑤ 冬に鉄棒に触ると冷たい。

⑥ たき火を前にして立つと，体の前面があたたかい。

⑦ 雪に灰をまくと，雪がとけやすくなる。

◆ポイント◆ 白色の雪は日光の放射熱を吸収しにくいですが，灰色の灰は放射熱を吸収しやすいため雪が早くとけます。

⊠175 魔法びんは，下図のように容器を２重構造にし，外壁
と内壁の間を真空にすることによって，〔 ① 〕を防い
でいます。また，壁に銀メッキをほどこすことによって
〔 ② 〕熱を反射しています。（①は２つ答える）

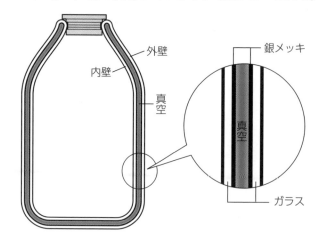

175 ① 伝導・対流
② 放射

◆ポイント◆ 魔法びん（デュワーび
ん）は，入り口が狭くなって熱が逃げ
にくくなっていたり，ふたにプラス
チックやコルクなど熱が伝導しにくい
材料が使われていたりします。

⊠176 下図のように水そうAに水，ビーカーBに湯を入れ，
Aの中にBをつけてそれぞれの温度変化を調べました。

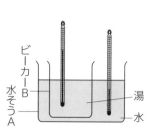

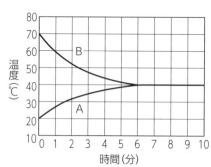

176 ① 熱が温度の高い方（B）
から低い方（A）へ移動し
たから。
② 温度差が大きいときほど
熱は速く伝わるから。

◆ポイント◆ この実験ではAとBは
40℃で等しくなった後，温度が変化し
ていませんが，実際には，空気中に熱
がにげるため，室温（20℃程度）にだ
んだん近づいていきます。

① Aの水の温度が上がり，Bの湯の温度が下がったの
は熱がどのように移動したからですか。
② A・Bともに，0～1分の方が4～5分より温度変
化が大きいのはなぜですか。

第2節　酸素・二酸化炭素・物の燃え方

☒**177**　大気の成分（体積パーセント濃度）について
① 窒素の割合（整数で答える）
② 酸素の割合（整数で答える）
③ 二酸化炭素の割合（小数第2位まで答える）

177　① 78%
　　② 21%
　　③ 0.04%

◆ポイント◆　%（パーセント）は百分率の単位で，百分率とは全体を100とした場合のそのものが占める割合を表します。例えば，窒素の割合の78%は，空気全体を100としたとき，窒素が78あることになります。

☒**178**　実験室で酸素をつくるときに使う液体の薬品（物質名）・固体の薬品はそれぞれ何ですか。

178　液体　過酸化水素水
　　固体　二酸化マンガン

◆ポイント◆　オキシドールはうすい（3%）過酸化水素水を含む消毒薬の名前です。

☒**179**　実験室で酸素をつくるときに使う固体の薬品について
① この薬品のかわりに使える身近なものを2つ答えなさい。
② この薬品のように，化学反応においてそれ自体は変化せず，他の物質の変化を速めるはたらきをする物質を何といいますか。

179　① 生のレバー・生のジャガイモ・すりおろした野菜など
　　② 触媒

◆ポイント◆　オキシドールを傷口につけると，血液に含まれるカタラーゼという酵素（たんぱく質の1つ）が触媒となって，たくさんの泡（酸素）が生じます。カタラーゼは生のレバーや生の野菜などに含まれます。たんぱく質は熱に弱いため，カタラーゼは加熱するとはたらきを失ってしまいます。

☒**180**　実験室で二酸化炭素をつくるときに使う液体の薬品・固体の薬品（物質名）はそれぞれ何ですか。

180　液体　塩酸
　　固体　炭酸カルシウム

☒**181**　実験室で二酸化炭素をつくるときに使う固体の薬品について，**180**の固体の物質を含む物を5つ答えなさい。

181　・石灰石
　　・大理石
　　・貝殻
　　・卵の殻
　　・チョーク

☒ **182** 右下図は，気体発生中の様子です。

① 点線内のガラス管の様子はどうなっていますか。

② 気体を捕集する際，最初に出てくる気体は集めないか，最初の1杯分を捨てるのはなぜですか。

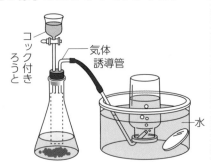

コック付きろうと
気体誘導管
水

182 ①

② 最初に出てくる気体はフラスコや気体誘導管の中にあった空気なので，純粋な気体を集めるためには不要だから。

☒ **183** いろいろな気体の重さと水への溶けやすさをまとめた下の表の①〜⑫に当てはまる数や語句を答えなさい。

気体	空気と比べた重さ	水への溶けやすさ
酸素	約①倍	②
二酸化炭素	約③倍	④
窒素	約⑤倍	⑥
水素	約⑦倍	⑧
塩化水素	約⑨倍	⑩
アンモニア	約⑪倍	⑫

183 ① 1.1
② 非常に溶けにくい
③ 1.5
④ 少し溶ける
⑤ 0.97
⑥ 非常に溶けにくい
⑦ 0.07
⑧ 非常に溶けにくい
⑨ 1.3
⑩ 非常に溶けやすい
⑪ 0.6
⑫ 非常に溶けやすい

☒ **184** 下図A〜Cの気体の集め方を何といいますか。また，それぞれどのような性質の気体を集めるのに適していますか。

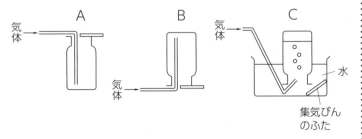

A
B
C
気体
気体
水
集気びんのふた

184 A 下方置換：水に溶けやすく空気より重い気体
B 上方置換：水に溶けやすく空気より軽い気体
C 水上置換：水に溶けにくい気体

☒ **185** 183の6種類の気体のうち，184のA〜Cの方法で集めるものはどれですか。それぞれ答えなさい。

185 A 二酸化炭素・塩化水素
B アンモニア
C 酸素・二酸化炭素・窒素・水素

◆ポイント◆ 空気より重い二酸化炭素は下方置換でも集めることができますが，二酸化炭素は塩化水素やアンモニアに比べて水に溶ける量が非常に少なく，純粋な気体を集める場合は水上置換を使うことができます。

☒186　酸素の性質
　① 他の物が燃えるのを助けるはたらきである〔　　　〕がある。
　② その物自体が燃える性質である〔　　　〕はない。

186　① 助燃性
　　　② 可燃性

☒187　集気びんに集めた気体が酸素であることを確かめる
　① 火のついた線香を使う場合
　② 火をつけたスチールウールを使う場合

187　① 集気びんの中に入れると炎を上げて空気中より激しく燃える。
　　　② 集気びんの中に入れるとパチパチと火花をちらして空気中より激しく燃える。

☒188　二酸化炭素の性質
　① 〔　　　〕を含む物を完全燃焼させると発生する。
　② 〔　　　〕やその水溶液に非常によく吸収される。
　③ 〔　　　〕に吹き込むと白くにごる。

188　① 炭素
　　　② 水酸化ナトリウム
　　　③ 石灰水

☒189　集気びんに集めた気体が二酸化炭素であることを確かめる
　① 「集気びんの中に，火のついたろうそくを入れると火が消える」では確かめることができないのはなぜですか。
　② 二酸化炭素であることを確かめる方法を答えなさい。

189　① 窒素など助燃性のない気体であれば同じ結果になるから。
　　　② 集気びんに石灰水を加えふたをして振ると，白くにごる。

☒190　3.1％の濃さの過酸化水素水と粒状の二酸化マンガンを使って酸素を発生させました。次の場合，酸素の発生量はどうなりますか。
　① 過酸化水素水の量を2倍にする。
　② 二酸化マンガンの量を2倍にする。
　③ 過酸化水素水の量は同じで濃さを2倍にする。
　④ 二酸化マンガンの量は同じで粒を大きくする。

190　① 2倍になる。
　　　② 変わらない。
　　　③ 2倍になる。
　　　④ 変わらない。

◆ポイント◆　酸素の発生量は過酸化水素水に溶けている過酸化水素の量で決まります。触媒である二酸化マンガンの量では変化しません。

☒191　3.1％の濃さの過酸化水素水と粒状の二酸化マンガンを使って酸素を発生させました。次の場合，同量の酸素が発生するのにかかる時間はどうなりますか。
　① 二酸化マンガンの量を2倍にする。
　② 過酸化水素水の量は同じで濃さを2倍にする。
　③ 二酸化マンガンの量は同じで粒を大きくする。

191　① 短くなる。
　　　② 短くなる。
　　　③ 長くなる。

◆ポイント◆　触媒である二酸化マンガンが過酸化水素水と触れる表面積が大きくなると，酸素が発生するのにかかる時間は短くなります。

⊠192　ある濃さの塩酸と石灰石を使って二酸化炭素を発生させました。反応が終わったあと，次の①・②のような結果が得られた場合，塩酸や石灰石は余っていたか，なくなっていたかのどちらだと考えられますか。
　　①　さらに塩酸を加えると気体が発生した。
　　②　さらに塩酸を加えても気体は発生しなかった。

⊠193　燃焼とは何ですか。

⊠194　燃焼の3条件
　　A：〔　　　　〕があること
　　B：〔　　　　〕が十分あること
　　C：〔　　　　〕以上の温度になること

⊠195　次の方法で火が消えるのはなぜですか。
　　①　ろうそくの火を息で吹き消した。
　　②　たき火にバケツの水をかけて消した。
　　③　ろうそくの芯をピンセットで強くつまんで火を消した。
　　④　ろうそくの炎に金網をかぶせると金網より上の火が消えた。
　　⑤　ろうそくの芯の根元にスポイトで水をたらして火を消した。

⊠196　右図のAとBを比べると，Bの方がろうそくがよく燃えるのはなぜですか。

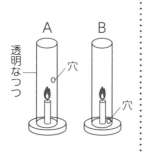
透明なつつ　A　B　穴　穴

192　①　塩酸はなくなっており石灰石が余っていた。
　　②　塩酸が余っており石灰石はなくなっていた，もしくは塩酸と石灰石の両方がなくなっていた。

193　物が熱と光を出しながら激しく酸素と結びつくこと。

194　A　燃える物
　　B　酸素
　　C　発火点

195　①　燃える物がなくなるから。
　　②　酸素が不足し，発火点より温度が下がるから。
　　③　燃える物がなくなるから。
　　④　発火点より温度が下がるから。
　　⑤　燃える物がなくなるから。

◆ポイント◆
①　ろうの気体が飛ばされます。
②　水が水蒸気に変わることで熱が奪われ，また，発生した水蒸気によって新しい酸素が入ってこられなくなります。
③　ろうの液体が芯をのぼれなくなります。
④　金網に炎の熱が奪われます。
⑤　ろうが液体から固体に戻ります。

196　対流によって下から上への空気の流れができ，新しい酸素が供給されるから。

☒197　右図のＡ～Ｃの部分の名前と特徴を
答えなさい。

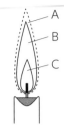

☒198　図１のように炎の中に割りばし
やガラス棒を入れました。また，
図２のように炎の各部に短いガラ
ス管を入れました。

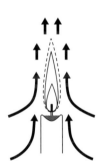

図1　図2

①　図１で割りばしを入れると真っ
先に黒くこげるのはどこですか。
②　図１でガラス棒を入れると黒くあとのつくところはど
こですか。
③　図２でガラス管から白い煙が出てくるところはどこ
ですか。
④　③の白い煙は何ですか。また，この白い煙に火をつ
けるとどうなりますか。

☒199　ろうそくのまわりの空気の流れは右
図のようになっています。このことと
関連があるろうそくの特徴を３つ答え
なさい。

197　A　外炎：完全燃焼しており
最も高温で，炎はほとんど
見えない。
　　B　内炎：炭素の粒であるす
すが熱せられて輝き，最も
明るい。
　　C　炎心：ほとんど燃焼が起
こっておらず，最も低温で
暗い。

198　①　外炎
　　②　内炎
　　③　炎心
　　④　ろうの液体や固体で炎を
あげて燃える。

◆ポイント◆　ガラス棒は燃えないの
で，黒くあとのつくのはすすがある内
炎です。
　また，ろうの気体は目に見えません。
白い煙は，ろうの気体が冷やされて液
体や固体になったものです。

199　・新しく酸素を含んだ空気が
供給され続けるため，ろう
そくが燃え続けることがで
きる。
　・まわりから吹き込んでくる
空気によってろうそくの外
壁が冷やされて，ろうそく
の上面のふちが土手のよう
に盛り上がる。
　・下から上への空気の流れに
よって，ろうそくの炎の形
が長細くなる。

参　考
**国際宇宙ステーション (ISS) の中で
ろうそくに火をつけると？**
　地球の周回軌道上の ISS の中は無重
力状態で，この中でろうそくに点火する
と，球状の炎が一瞬ついてすぐに消える
ことがあります。これは，ろうそくの周
囲に空気の対流が生じないためです。

☒200 下図は, ろうそくが燃えるときの 状態変化 ・ 化学変化 の流れを示しています。①～④に当てはまる語句を答えなさい。

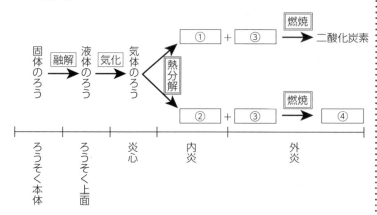

☒201 いろいろな物が燃える様子などについてまとめた下の表の①～⑫に当てはまる語句を答えなさい。

	何が燃えているか	燃える様子	燃焼後できる物
ろうそく	①	②	③
アルコールランプ	④	⑤	⑥
木炭	⑦	⑧	⑨
スチールウール	⑩	⑪	⑫

☒202 下図は, 木材乾留（木の蒸し焼き）の様子です。A～Dの名前を答えなさい。

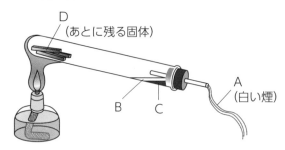

☒203 202の実験で試験管をななめにしているのはなぜですか。

200　① 炭素
　　② 水素
　　③ 酸素
　　④ 水（水蒸気）

◆ポイント◆　すすは炭素の粒が集まってできたものです。

201　① ろうの気体
　　② 炎をあげて燃える
　　③ 二酸化炭素・水（水蒸気）
　　④ アルコールの気体
　　⑤ 炎をあげて燃える
　　⑥ 二酸化炭素・水（水蒸気）
　　⑦ 木炭（固体）
　　⑧ 炎をあげず赤く光って燃える
　　⑨ 二酸化炭素
　　⑩ スチールウール（固体）
　　⑪ 炎をあげず赤く光って燃える
　　⑫ 酸化鉄（鉄の黒さび）

◆ポイント◆　これらのことから, ろうそくとアルコールには炭素と水素, 木炭には炭素だけが含まれることが分かります。また, スチールウールは鉄でできており, 気体は発生しません。

202　A 木ガス
　　B 木酢液
　　C 木タール
　　D 木炭

◆ポイント◆　木ガスには, 水素・メタン・一酸化炭素などの目に見えない可燃性の気体が含まれています。白い煙は水蒸気が水になったものです。

203　木材乾留によって生じた液体が加熱部分に流れ込み, 試験管の底が急に冷やされて割れることを防ぐため。

⊠204　次のさびはそれぞれ何といいますか。
　　① 水分があるところで，自然に鉄が酸素と結びついて
　　　でき，表面をぼろぼろにして内部まで進んでいくさび。
　　② 鉄が燃焼してでき，表面に膜をつくり鉄の内部を守
　　　る，電気は非常に通しにくいが磁石にはつくさび。

204　① 鉄の赤さび
　　② 鉄の黒さび

◆ポイント◆　公園の砂場などでとれ
る黒い砂鉄は，鉄の黒さびです。

⊠205　右図のように，銅やマ
　　グネシウムを加熱して燃
　　焼させました。
　　① 銅の色は何色から何
　　　色に変化しますか。
　　② マグネシウムの色は
　　　何色から何色に変化し
　　　ますか。

銅粉　　ステンレス皿
三角架
三脚

205　① 赤茶色から黒色
　　② 銀白色から白色

◆ポイント◆　金属は燃焼しても気体
が発生せず，酸素と反応して，それぞれ
酸化銅・酸化マグネシウムになります。

⊠206　図1と図2のように，右側のスチールウールと木片を
　　ガスバーナーでそれぞれ燃焼させました。

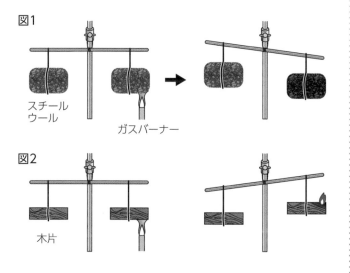
図1
スチール
ウール
ガスバーナー

図2
木片

　　① 図1で，右の燃焼させたスチールウールの方が下がっ
　　　たのはなぜですか。
　　② 図2で，右の燃焼させた木片の方が上がったのはな
　　　ぜですか。

206　① スチールウールである鉄
　　が燃えて酸素と結びつくと
　　酸化鉄になり，結びついた
　　酸素の分だけ重くなるから。
　　② 木片が燃えて生じる二酸
　　化炭素と水蒸気は気体なの
　　で空気中へ逃げていってし
　　まい，木片が軽くなるから。

◆ポイント◆　二酸化炭素や水蒸気の
ような気体にも重さがあります。燃焼
後に生じた二酸化炭素と水蒸気の重さ
を燃え残った灰の重さと合わせると，
燃焼前の木片より酸素の分だけ重く
なっています。

第1章　化学

第3節　溶解度・水溶液

☒207　物が水に溶けることを〔　①　〕といいます。物が水に〔　①　〕した液体を〔　②　〕といいます。

207　① 溶解
　　　② 水溶液

☒208　水溶液は①{無色透明　有色でもよいが透明}で，濃さは②{下の方が濃い　均一}，その重さは水と溶けている物の③{和　和より小さい　和より大きい}です。

208　① 有色でもよいが透明
　　　② 均一
　　　③ 和

☒209　次の各文中で使われている「とける」という言葉の意味を説明しなさい。
　　①　あたたかくなって雪がとける。
　　②　紅茶に砂糖がとける。
　　③　酢に卵の殻を入れるととける。

209　① 固体から液体に状態変化する融解。
　　　② 細かい粒となって全体に散らばり，目に見えなくなる溶解。
　　　③ 化学変化して別の物質になる。

☒210　一定量の水に砂糖を短い時間で溶かす方法を3つ答えなさい。

210　・砂糖を細かく砕く。
　　　・水温を上げる。
　　　・よくかき混ぜる。

☒211　水に砂糖をたくさん溶かす方法を2つ答えなさい。

211　・水の量を増やす。
　　　・水温を上げる。

☒212　泥水のように固体と液体が混ざっているものを，固体と液体に分ける方法を何といいますか。また，次のア～ウは正しい図と比べてどのような不都合がありますか。

212　方法　ろ過
　　ア　ろうとの先がビーカーの内側の壁についていないので，ろ過が終わるのが遅くなり，またろ液が飛び散ってしまう。
　　イ　ろ紙がろうとより大きいので，泥水の一部がもれてしまう。
　　ウ　ガラス棒を使っていないので，泥水が飛び散ってしまう。

正しい図　　ア　　イ　　ウ

⊠ 213　ろ紙を4つ折りにして212の方法で実験後, ろ紙を広げました。ろ紙に固体はどのように残っていますか。次のア〜エから選びなさい。

ア　　　　イ　　　　ウ　　　　エ

213　ア

⊠ 214　硫酸（りゅうさん）のうすめ方について
　①　正しい図を, あとのア・イから選びなさい。
　②　①で選ばなかった方法で行った場合, どのような危険性がありますか。

　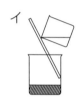

214　①　ア
②　水が沸騰して, 硫酸が飛び散るおそれがある。

⊠ 215　固体の多くは水温が高いほど溶解度が大きくなりますが,〔　①　〕などは例外的に水温が高いほど溶解度が小さくなります。また, 気体は水温が高いほど溶解度が②{大きく　小さく}なります。

215　①　水酸化カルシウム
（消石灰）
②　小さく

⊠ 216　右図は, 食塩とホウ酸の溶解度曲線です。食塩の溶解度曲線はA・Bのどちらですか。

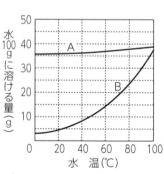

216　A

⊠ 217　食塩の飽和水溶液から, なるべく大きな結晶を得る方法を答えなさい。

217　水をゆっくり蒸発させる。

⊠ 218　ホウ酸の飽和水溶液について, 212の方法を使うと, 溶けている固体をとり出すことが①{できます　できません}。また, ホウ酸の飽和水溶液の温度を下げると, 温度によって溶ける重さが異なることを利用して, ホウ酸をとり出すことができます。この方法を〔　②　〕といいます。

218　①　できません
②　再結晶

☒219 次のア〜エは何の結晶ですか。

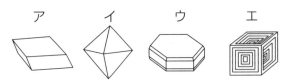

ア　イ　ウ　エ

219　ア　硫酸銅
　　　イ　ミョウバン
　　　ウ　ホウ酸
　　　エ　食塩

☒220 いろいろな水溶液に溶けている物質についてまとめた下の表の①〜⑤に当てはまる語句を答えなさい。

水溶液	溶けている物質
アルコール水	アルコール
アンモニア水	アンモニア
塩酸	①
砂糖水	砂糖
食塩水	食塩（ ② ）
水酸化ナトリウム水溶液	水酸化ナトリウム
石灰水	③
炭酸水	④
ホウ酸水	ホウ酸
酢酸水溶液	酢酸
重そう水	重そう（ ⑤ ）

220　① 塩化水素
　　　② 塩化ナトリウム
　　　③ 消石灰
　　　　（水酸化カルシウム）
　　　④ 二酸化炭素
　　　⑤ 炭酸水素ナトリウム

◆ポイント◆ アンモニア・塩化水素・二酸化炭素は気体，アルコール・酢酸は液体，砂糖・食塩・水酸化ナトリウム・消石灰・ホウ酸・重そうは固体です。
　それぞれの水溶液を加熱して水分を蒸発させると，気体・液体が溶けているものはあとに何も残りません。固体が溶けているものは，砂糖水は黒くこげ，ほかは白い固体が残ります。

☒221　220 の表から
　①　においのある水溶液をすべて選びなさい。
　②　酸性の水溶液をすべて選びなさい。
　③　アルカリ性の水溶液をすべて選びなさい。
　④　電気を通さない水溶液をすべて選びなさい。

221　① アルコール水・アンモニア水・塩酸・酢酸水溶液
　　　② 塩酸・炭酸水・ホウ酸水・酢酸水溶液
　　　③ アンモニア水・水酸化ナトリウム水溶液・石灰水・重そう水
　　　④ アルコール水・砂糖水

◆ポイント◆ 酸性とアルカリ性の水溶液は，すべて電気を通します。中性の水溶液は電気を通しませんが，食塩水はよく電気を通します。

☒222 水溶液のにおいを調べるときの方法を答えなさい。

222　手であおぎ，空気と混ぜてうすめて吸い込む。

☒223 リトマス紙について
　①　使い方を説明しなさい。
　②　赤色リトマス紙の色が変化しない場合，その水溶液の液性は何ですか。

223　① ピンセットを使って持ち，水溶液をガラス棒でリトマス紙につけて調べる。
　　　② 酸性か中性

⊠224　ＢＴＢ液は，酸性だと〔　①　〕色，中性だと〔　②　〕色，アルカリ性だと〔　③　〕色になります。

224　①　黄
　　　②　緑
　　　③　青

⊠225　酸性と中性だと無色，アルカリ性だと赤色になる指示薬は何ですか。

225　フェノールフタレイン液

⊠226　紫キャベツ液で，「強酸性・弱酸性・中性・非常に弱いアルカリ性・弱アルカリ性・強アルカリ性」での色の変化は順に〔　　　　〕です。

226　赤・ピンク・紫・青・緑・黄

⊠227　「アルミニウム・亜鉛・鉄・銅・銀・金・マグネシウム」について
　①　うすい塩酸と反応して水素が発生する金属
　②　うすい水酸化ナトリウム水溶液と反応して水素が発生する金属
　③　②に含まれないが，温度の高い濃い水酸化ナトリウム水溶液と反応して水素が発生する金属

227　①　アルミニウム・亜鉛・鉄・マグネシウム
　　　②　アルミニウム
　　　③　亜鉛

⊠228　試験管に集めた気体が水素であることを確かめる
　①　火のついたマッチを使う場合
　②　試験管の口を下にして，火のついた線香をすばやく試験管の中に入れました。すると，①の結果とは異なり，線香の火が消えてしまいました。線香の火が消えたのはなぜですか。

228　①　マッチの火を試験管の口に近づけると，ポンと音を立てて炎あげて燃え，試験管の内側がくもる。
　　　②　酸素が不足するため。

⊠229　うすい塩酸にスチールウールを加えると泡を出してとけ，加えたスチールウールはすべて見えなくなりました。
　①　残った液の水分をすべて蒸発させると，あとに何が残りますか。
　②　①であとに残った物は，スチールウールとどのような点が違いますか。

229　①　塩化鉄
　　　②　塩化鉄は光沢のない黄色の固体で，電気は通さず磁石にもつかない。

☒230 塩酸と水酸化ナトリウム水溶液を混ぜると中和反応が起こります。

① できる物質を答えなさい。

② 水溶液の温度はどうなりますか。

230 ① 食塩（塩化ナトリウム）と水

② 上がる

◆ポイント◆ 酸性とアルカリ性の物質が反応すると塩と水ができ，中和熱が発生します。食塩はたくさんある塩の一種です。

☒231 炭酸水と石灰水の中和によってできる物質は何ですか。

231 炭酸カルシウムと水

◆ポイント◆ 炭酸水と石灰水を混ぜ合わせたり，石灰水に二酸化炭素を吹き込むと白くにごります。どちらも同じ中和反応で塩である炭酸カルシウムと水ができます。炭酸カルシウムは水に溶けないので白くにごって見えます。

地学編

第1節　天体

☒232　次の図で，①日の出，②日の入りのときの太陽の位置を示しているのは**ア**〜**カ**のどれですか。

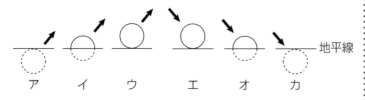

地平線

ア　　イ　　ウ　　エ　　オ　　カ

232 ① 　ア
　　② 　カ

☒233　右図は，日本で見た春分の太陽の動きを示す天球図です。

① 　Bの方位を答えなさい。

② 　①の答えになると考えた理由は何ですか。

③ 　Aの方位を答えなさい。

④ 　太陽の動く向きは，「A→C」と「C→A」のどちらですか。

⑤ 　④の答えのように太陽が動いて見えるのはなぜですか。

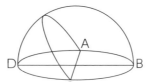

233 ① 　北
　　② 　（例）太陽が最も高い所を通る南中がD側なので，反対のBは北だから。
　　③ 　西
　　④ 　C→A
　　⑤ 　地球が西から東に自転しているから。

☒234　233のときに，右図のように地面に垂直に立てた棒の影の変化について

① 　棒の影の先端の動く向きの変化は**ア**〜**エ**のどれですか。

　　ア．A→B→C
　　イ．C→B→A
　　ウ．A→D→C
　　エ．C→D→A

② 　棒の影の長さが最も短くなるとき，影の先端はA〜Dのうちどちらを向いていますか。

③ 　影の長さが短くなるのはどのようなときですか。

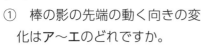

棒

234 ① 　ア
　　② 　B
　　③ 　太陽高度が高いとき。

◆ポイント◆　下図のように，影は太陽の動きとは反対に，西→北→東へ動きます。時計回りが右回りなのは，日時計の影の動きからきています。

棒の影の先端の動き

⊠235　右図は，あとの①〜④の日に日本で見た太陽の動きを示す天球図です。①〜④は，それぞれ何月ですか。また，それぞれの日の太陽の動きを右図のA〜Cから選びなさい。

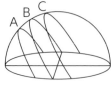

① 春分…〔　　　〕月 21 日頃
② 夏至…〔　　　〕月 22 日頃
③ 秋分…〔　　　〕月 23 日頃
④ 冬至…〔　　　〕月 22 日頃

235
① 　3・B
② 　6・C
③ 　9・B
④ 12・A

⊠236　次の①〜③に当てはまるものを 235 の A〜C から選びなさい。また，それぞれの日は，春分・夏至・秋分・冬至のどれですか。
① 太陽の南中高度が最も低い日
② 太陽が出ている時間が最も短い日
③ 日の出の位置が最も北寄りの日

236
① 　A・冬至
② 　A・冬至
③ 　C・夏至

⊠237　右図のX〜Zは，日本での春分・夏至・秋分・冬至の日影曲線を示しています。
① Dの方位を答えなさい。
② ①の答えになるのはなぜですか。
③ 冬至の日影曲線はX〜Zのどれですか。
④ ③の答えになるのはなぜですか。

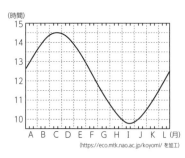

237
① 　南
② 　太陽の南中時の影である日影曲線の中心がB側にできているので，反対のD側は太陽がある南だから。
③ 　Z
④ 　冬至は太陽の南中高度が最も低く，太陽の南中時の影の長さが最も長いから。

⊠238　右図は，1年間の昼の長さの変化を表しています。
① 夏至の昼の長さは何時間何分ですか。
② 冬至の昼の長さは何時間何分ですか。
③ 春分を含む月はA〜Lのどれですか。
④ 昼の長さがだんだん短くなるのは何月から何月ですか。
⑤ 昼の長さが 12 時間より長いのは何月から何月ですか。

(時間)
15
14
13
12
11
10
A B C D E F G H I J K L (月)
（https://eco.mtk.nao.ac.jp/koyomi/ を加工）

238
① 　14 時間 30 分
② 　9 時間 45 分
③ 　L
④ 　Cの6月からⅠの12月
⑤ 　Lの3月からFの9月

◆ポイント◆　夏至がある6月はCで，冬至がある12月はⅠです。また，春分および秋分は昼の長さがほぼ12時間です。春分がある3月はLで，秋分がある9月はFです。

☒ 239 下図は，地球の公転図です。

① 北極と南極を結んだ直線を何といいますか。

② ①は公転軸から約何度傾いていますか。

③ 地球の自転・公転の向きを示す正しい矢印を，ア〜エからそれぞれ選びなさい。

④ 夏至・秋分の地球の位置を，A〜Dからそれぞれ選びなさい。

⑤ 季節によって太陽の南中高度が変化するのはなぜですか。

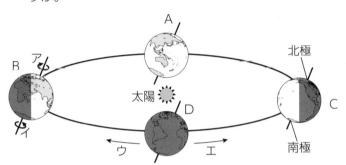

☒ 240 右図は，239のBの図を大きくしたものです。

① 地点Xはこのとき，日の出と日の入りのどちらですか。

② 地点Xはこの日，昼の長さが12時間より長いですか，短いですか。

③ 赤道はこの日，昼の長さは約何時間ですか。

④ 北極はこの日，昼の長さは何時間ですか。

⑤ ④のようなことを何といいますか。

☒ 241 昼の長さについて

① 夏休みの時期，北海道と沖縄とでは，昼が長いのはどちらですか。

② お正月，鹿児島と仙台とでは，昼が長いのはどちらですか。

③ 春分・秋分の日，東京とオーストラリアとでは，昼が長いのはどちらですか。

239
① 地軸
② 約23.4度
③ 自転　イ
　　公転　エ
④ 夏至　B
　　秋分　D
⑤ 地球が地軸を傾けたまま太陽のまわりを公転しているから。

◆ポイント◆　夏至・冬至の位置から考えましょう。夏は北の方が昼が長く，冬は北の方が昼が短くなります。Bが北の方が昼が長い夏至，Cが北の方が昼が短い冬至で，公転の向きから春分と秋分を考えます。また，夏になると暑くなるのは太陽高度が高く，昼の長さが長いためであり，地球と太陽の距離は関係ありません。

240
① 日の出
② 長い
③ 約12時間
④ 24時間
⑤ 白夜

◆ポイント◆　夏至は北の方が昼が長く，冬至では南の方が昼が長くなります。赤道は一年中，昼の長さが約12時間です。春分・秋分は全世界で昼の長さが約12時間になります。

241
① 北海道
② 鹿児島
③ 同じ

◆ポイント◆
① 北海道は沖縄より北にあるため，夏は昼が長くなります。
② 鹿児島は仙台より南にあるため，冬は昼が長くなります。
③ 春分・秋分は東京もオーストラリアも，昼の長さがほぼ12時間です。

⊠242　日本標準時子午線（経線）は兵庫県〔　①　〕市を通る〔　②　〕度です。

⊠243　日本での太陽の南中時刻や経度について
　①　東京と大阪とでは，太陽の南中時刻が早いのはどちらですか。
　②　①の答えになるのはなぜですか。
　③　東経130度のAと東経140度のBとでは，どちらが東側ですか。
　④　東経が1度大きくなると，太陽の南中時刻は何分どうなりますか。
　⑤　③の2地点ではどちらが何分，太陽の南中時刻が早いですか。

⊠244　経度が等しい盛岡と千葉について
　①　盛岡と千葉とでは，太陽の南中時刻が早いのはどちらですか。
　②　盛岡と千葉とでは，夏の日の出の時刻が早いのはどちらですか。

⊠245　下図のように地面に垂直に棒を立てると，棒と同じ長さの影ができました。このときの角度Xは太陽高度を示します。また，この棒を1m移動させても，影の長さは変化しませんでした。
　①　このときの太陽高度は何度ですか。
　②　棒を移動させても影の長さが変化しないのはなぜですか。

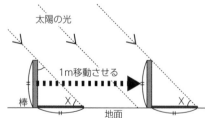

242　①　明石
　　　②　東経135

243　①　東京
　　　②　地球が西から東に自転するため，太陽は東側の方が早く南中するから。
　　　③　B
　　　④　4分早くなる。
　　　⑤　Bが40分早い。

◆ポイント◆

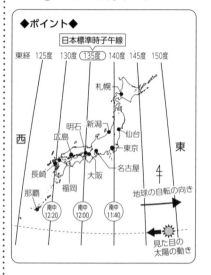

244　①　どちらも1年中同じ。
　　　②　盛岡

◆ポイント◆　経度が等しい2地点では太陽の南中時刻は等しくなります。太陽の南中時刻が等しい盛岡と千葉を比べると，夏は北の方が昼が長いことから，北にある盛岡の方が日の出が早く，日の入りは遅くなります。

245　①　45度
　　　②　太陽が地球から非常に遠くにあるので，太陽の光は平行光線と考えられるから。

◆ポイント◆　棒の長さと影の長さが等しい場合，棒と影がつくる三角形は直角二等辺三角形になります。

68

☒ **246** 太陽の南中高度を求める式を答えなさい。

① 春分 ② 夏至 ③ 秋分 ④ 冬至

246 ① 90度－その土地の緯度
② 90度－その土地の緯度＋23.4度
③ 90度－その土地の緯度
④ 90度－その土地の緯度－23.4度

☒ **247** 下図は春分・秋分の東京（北緯36度）と札幌（北緯43度）での，太陽の南中高度XとYを模式的に表しています。

① XとYはそれぞれ何度ですか。
② 緯度が1度大きくなると，太陽の南中高度は何度どうなりますか。
③ 太陽の光が平行光線と考えられるのに，太陽の南中高度が緯度によって異なるのはなぜですか。
④ 東京と札幌では太陽の熱をより多く受けるのはどちらですか。

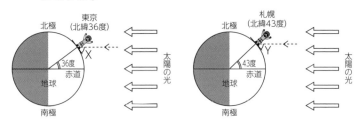

247 ① X 54度 Y 47度
② 1度小さくなる。
③ 地球が球形なので太陽の光に対する地面の傾きが異なるため。
④ 東京

◆ポイント◆ 下図のように，太陽高度の高い方が放射によってより多くの熱を受けます。

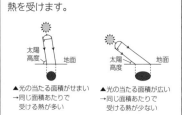

☒ **248** 下図は太陽の表面や内部の様子です。

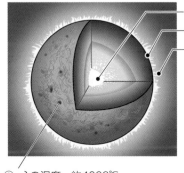

中心核の温度 約1600万℃
表面の温度 約〔 ① 〕℃
コロナの温度 約100万〜200万℃

〔 ② 〕の温度 約4000℃

248 ① 6000
② 黒点

☒ **249** 太陽の直径はおよそ〔 ① 〕kmで，地球の直径の約〔 ② 〕倍です。地球から太陽までの距離は約〔 ③ 〕kmで，秒速30万kmの速さの光だと〔 ④ 〕秒かかる距離です。（①・③は上から2桁目までの概数で答える）

249 ① 140万
② 109
③ 1億5000万
④ 500

▨250　太陽は自ら光を放っている〔　①　〕という星で，そのエネルギー源は主成分である〔　②　〕の核融合であり，燃焼しているわけではありません。表面を観察すると，**248**②が移動することから〔　③　〕していることが分かります。また，**248**②が端の方では楕円形に見えることから太陽が〔　④　〕であることが分かります。

250　① 恒星
250　① 恒星
　　② 水素
　　③ 自転
　　④ 球形

◆ポイント◆　宇宙は真空で酸素がなく，太陽は燃焼しているわけではありません。

▨251　次の図で，①月の出，②月の入りのときの月の位置を示しているのは**ア～カ**のどれですか。

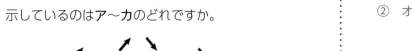

251　① イ
　　② オ

▨252　月の満ち欠けの周期は約〔　①　〕日で，〔　②　〕側から満ちて，〔　③　〕側から欠けます。(①は小数第1位まで答える)

252　① 29.5
　　② 右（西）
　　③ 右（西）

▨253　あ～〇の月を，あから始めて満ち欠けの順に並べなさい。

253　あ→お→え→〇→い→き→う→か

▨254　下図のＡとＢの位置に月があるとき，日本から月を見ると，それぞれどのような形に見えますか。(かげの部分を斜線で示す)

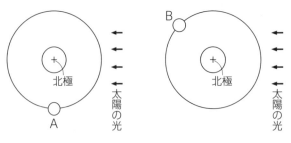

254　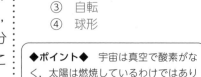

◆ポイント◆　地球からは月の手前側しか見えないことに注意しましょう。

70

☒255 下図は，月の公転図です。
① 地球の自転・月の公転の向きを示す正しい矢印を，ア〜エからそれぞれ選びなさい。
② ⓐ・ⓘの地点の時刻とＸとＹの矢印の方位をそれぞれ答えなさい。
③ Ａ・Ｃ・Ｅ・Ｆ・Ｇの月の名前と南中時刻をそれぞれ答えなさい。

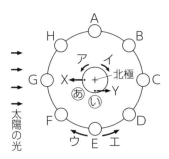

255
① 地球の自転　ア
　　月の公転　エ
② ⓐ　12時　ⓘ　18時
　　Ｘ　南　　Ｙ　東
③ Ａ　下弦の月・6時
　　Ｃ　満月・0時
　　Ｅ　上弦の月・18時
　　Ｆ　三日月・15時
　　Ｇ　新月・12時

◆ポイント◆　下図のように考えます。

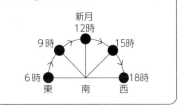

☒256 右の表は，月の形と時刻，月のある方角をまとめたものです。下の月の公転図を活用して①〜⑨を答えなさい。

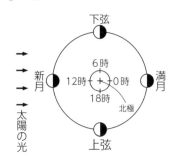

月の形	時刻	方角
①	18時	西
②	21時	南東
③	9時	南東

月の形	時刻	方角
上弦	0時	④
下弦	12時	⑤
満月	3時	⑥

月の形	時刻	方角
上弦	⑦	南西
上弦	⑧	南東
新月	⑨	東

256
① 新月　　② 満月
③ 新月　　④ 西
⑤ 西　　　⑥ 南西
⑦ 21時　　⑧ 15時
⑨ 6時

◆ポイント◆　月の公転図から，それぞれの月の南中時刻が分かります。月の南中時刻をもとに，下のような図をかいて考えましょう。

新月
12時
9時　　　　　15時
6時　　　　　　18時
東　　南　　西

☒257 下の表は，ある年の9月の月の出・月の入りの時刻の一部です。ア〜エに当てはまる月の名前を答えなさい。

	月の出	月の入り	月の名前
9月 3日	23：13	12：34	ア
9月10日	5：18	18：20	イ
9月18日	12：49	23：04	ウ
9月25日	17：46	4：50	エ

257　ア　下弦の月
　　　イ　新月
　　　ウ　上弦の月
　　　エ　満月

☒258 あとの①〜⑨の各文は、右図のA〜Hのどの月について説明したものですか。また月の形は次の㋐〜㋗のどれですか。

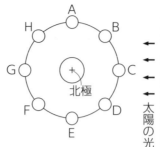

㋐ ㋑ ㋒ ㋓ ㋔ ㋕ ㋖ ㋗

① 夕方の短い時間，西の空の低いところに見える。
② 明け方の短い時間，東の空の低いところに見える。
③ 明け方東の空からのぼり，夕方西の空に沈む。
④ 月食が起こることがある。
⑤ 日食が起こることがある。
⑥ 「菜の花や　月は東に　日は西に」の句で詠まれた。
⑦ 午後9時頃東の地平線からのぼってくる。
⑧ 満月からおよそ1週間後の月
⑨ 満月から22日後の月

☒259 月が同じ位置に見える時刻は1日あたり約〔 ① 〕分ずつ②{早く　遅く}なります。このことから考えると月が南中して次に南中するのにかかる時間は約〔 ③ 〕になります。また月が同じ時刻に見える位置は1日あたり約〔 ④ 〕度ずつ⑤{東　西}へずれます。

☒260 月の自転周期は約〔 ① 〕日，公転周期は約〔 ② 〕日です。また自転の向きは月の北極側から見て〔 ③ 〕回り，公転の向きは月の北極側から見て〔 ④ 〕回りです。

☒261 地球から，月の裏側を見ることができないのはなぜですか。

☒262 月の公転周期と満ち欠けの周期について
① 公転周期と満ち欠けの周期では何日，どちらが長いですか。
② ①の答えになるのはなぜですか。

72

☒263　月食や日食について

① 月食は，_A{太陽－月－地球　太陽－地球－月}の順で一直線上に並び，月が地球の〔　B　〕に入ると起こります。

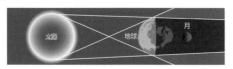

② 日食は，_C{太陽－月－地球　太陽－地球－月}の順で一直線上に並び，月の本影がかかる地域では〔　D　〕日食に，月の半影がかかる地域では〔　E　〕日食になります。また，地球から月までの距離が_F{近い　遠い}と，月のまわりに太陽の外側がリング状に見える〔　G　〕日食になる場合もあります。

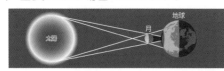

③ 月食が起こるとき月は〔　H　〕側から欠けはじめ，日食が起こるとき太陽は〔　I　〕側から欠けはじめます。

☒264　潮の満ち干について

① 月と太陽の引力の影響で，海水面が高くなる〔　A　〕と海水面が低くなる〔　B　〕がそれぞれ1日2回起こります。

② AとBのときの海水面の高さの差が大きいときを〔　C　〕，小さいときを〔　D　〕といいます。

③ Cは〔　E　〕のとき，Dは〔　F　〕のときに起こります。

☒265　右図は月の表面を拡大した写真です。この写真のくぼみを〔　A　〕といい，〔　B　〕によってできたと考えられています。月には〔　C　〕がほとんどないため，地球とは異なり，多くの〔　A　〕があります。

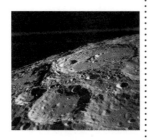

〔　A　〕を観察するのはくぼみの影が分かりやすい_D{満月　半月}のときが適しており，月の端の方では〔　A　〕が楕円形に見えることから月が〔　E　〕であることが分かります。

263　① A　太陽－地球－月
　　　B　本影
　　② C　太陽－月－地球
　　　D　皆既
　　　E　部分
　　　F　遠い
　　　G　金環
　　③ H　左（東）
　　　I　右（西）

◆ポイント◆　本影とは太陽の光がまったく当たらないところ，半影とは太陽の光が一部当たるところです。金環日食では空は暗くならず，半影月食では満月は欠けません。

264　① A　満潮
　　　B　干潮
　　② C　大潮
　　　D　小潮
　　③ E　新月と満月
　　　F　上弦の月と下弦の月

265　A　クレーター
　　　B　隕石の衝突
　　　C　大気や水
　　　D　半月
　　　E　球形

☒266　月の直径はおよそ〔　①　〕kmで，地球の直径の約〔　②　〕倍，太陽の直径の約〔　③　〕倍です。地球から月までの距離は約〔　④　〕kmで，地球から太陽までの距離の約〔　⑤　〕倍です。

266　①　3500　　②　$\frac{1}{4}$

③　$\frac{1}{400}$　　④　38万

⑤　$\frac{1}{400}$

☒267　地球から見ると，月と太陽の見かけの大きさが同じくらいに見えるのはなぜですか。

267　太陽の直径が月の直径の約400倍で，地球から太陽までの距離も地球から月までの距離の約400倍だから。

☒268　月は地球という〔　①　〕のまわりを公転する〔　②　〕です。月面上の重力は，地球上の重力のおよそ$\frac{1}{6}$で，地球上で120gの物体を月面上でばねばかりではかると〔　③　〕gを示し，上皿てんびんではかると〔　④　〕gの分銅とつり合います。

268　①　惑星
　　　②　衛星
　　　③　20
　　　④　120

◆ポイント◆　地球上で120gの分銅は，月面上では20gになります。

☒269　右下図は，太陽系の8つの惑星です。
　①　8つの惑星の名前を，内側の軌道を公転しているものから順に答えなさい。

　②　衛星を持たない惑星をすべて答えなさい。
　③　表面が岩石でできている惑星をすべて答えなさい。
　④　最も大きな惑星と，最も小さな惑星をそれぞれ答えなさい。
　⑤　2006年に惑星から準惑星に区分が変わった天体は何ですか。

269　①　水星→金星→地球→火星→木星→土星→天王星→海王星
　　　②　水星・金星
　　　③　水星・金星・地球・火星
　　　④　大きい　木星
　　　　　小さい　水星
　　　⑤　冥王星

◆ポイント◆　惑星の定義は下の3つです。
・太陽のまわりを回っていること。
・自身の重力によってほぼ球形になっていること。
・公転軌道上に他の天体が存在しないこと。

☒270　肉眼で見えるぎりぎりの星の明るさ（等級）は〔　①　〕等で，1等は〔　①　〕等の〔　②　〕倍の明るさです。等級が1等小さくなると明るさは約〔　③　〕倍になります。

270　①　6
　　　②　100
　　　③　2.5

☒271　1等星とは等級が1.5等未満の星で，全天で21個あります。最も明るい1等星は〔　①　〕座の〔　②　〕で，－1.5等です。

271　①　おおいぬ
　　　②　シリウス

⊠272　下の表のA～Eに当てはまる色を答えなさい。

星の色	表面温度	例
A	12000℃以上	リゲル・レグルス・スピカ
B	10000℃	シリウス・デネブ・ベガ・アルタイル
C	6000℃	プロキオン・カペラ・北極星・太陽
D	4500℃	アークトゥルス・アルデバラン・ポルックス
E	3000℃以下	ベテルギウス・アンタレス

272　A　青白
　　　B　白
　　　C　黄
　　　D　橙（だいだい）
　　　E　赤

⊠273　北極星は〔　①　〕座の〔　②　〕色の〔　③　〕等星で，北の地平線から見上げる高度は〔　④　〕と一致します。

273　①　こぐま
　　　②　黄
　　　③　2
　　　④　その土地の緯度（北緯）

⊠274　北斗七星は〔　①　〕座のしっぽの部分で，図1の**x**は**y**の約〔　②　〕倍です。図1のとき，図2の**Z**はA～Kのうち〔　③　〕のあたりにあります。また図1のように北斗七星が北の空の高い位置にあるのは〔　④　〕月上旬の午後8時頃で，〔　①　〕座は〔　⑤　〕の季節の星座です。

274　①　おおぐま
　　　②　5
　　　③　E
　　　④　5
　　　⑤　春

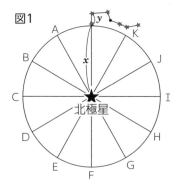

⊠275　下図のカシオペヤ座から北極星を見つける方法を作図しなさい。

275

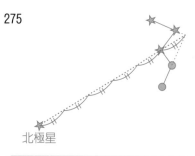

北極星

◆ポイント◆　上端の2つの2等星を結ぶ線を延長します。そして下端の2つの3等星を結ぶ線を延長した線の交点と5つの星のうち真ん中の2等星を結んだ線を5倍のばしたところに北極星があります。

☒276　下図は，夏の夜空に見える星々を示しています。1等星①～④の名前と色，含まれる星座の名前をそれぞれ答えなさい。

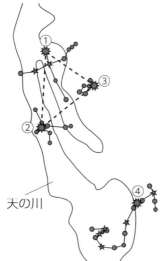

天の川

276　① デネブ・白・はくちょう座
　　② アルタイル・白・わし座
　　③ ベガ・白・こと座
　　④ アンタレス・赤・さそり座

◆ポイント◆　夏の大三角は2等辺三角形に近い形をしています。三角形の角度の最も小さな角の頂点がアルタイル，アルタイルを下にして，向かって右側がベガで左側がデネブです。3つの星の天の川に対する位置関係は，デネブが川の真ん中付近，織姫星であるベガと彦星であるアルタイルが川をはさんで向かい合う位置にありますが，ベガが天の川から出ており，アルタイルが川に入っています。

☒277　夏の大三角付近の天の川の位置として正しいものを次のア～エから選びなさい。

ア　　　　　イ　　　　　ウ　　　　　エ

277　エ

◆ポイント◆　天の川は太陽系と同じ銀河（天の川銀河）の中にある，無数の星からできています。

☒278　右図は，夏の大三角が天頂付近に高く上がった様子を見上げてかき写したスケッチです。A～Cの星の名前を答えなさい。また，XとYは，それぞれ東・西・南・北のどの方角を示していますか。

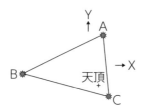

天頂

278　A　デネブ　B　アルタイル
　　C　ベガ
　　X　北　　　　Y　東

◆ポイント◆　下図のように夏の大三角はAのデネブとCのベガを結んだ辺を軸にして三角形を折り返すと，Bのアルタイルが北極星とほぼ重なります。北極星のある向きが北なので，それを基準に他の方角も考えますが，空を見ているので東西の方角が地面を見ている地図とは逆であることに注意をしましょう。

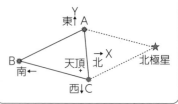

76

⊠279 下図は，夏の大三角をつくる1等星とアンタレスの動きを示す天球図です。

① A〜Dの位置を通る星の名前をそれぞれ答えなさい。

② A〜Dを最高になったときの高度が高い順に並べなさい。

③ A〜Dを空に出ている時間が長い順に並べなさい。

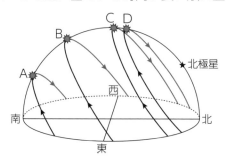

279 ① A　アンタレス
　　　　B　アルタイル
　　　　C　ベガ
　　　　D　デネブ
　　② C→D→B→A
　　③ D→C→B→A

◆ポイント◆ ②の高度は天頂（高度が90度）に近い順，③の空に出ている時間は北極星（出ている時間が1日中）に近い順になります。

⊠280 右図は，冬の夜空に見える星々を示しています。1等星①〜④の名前と色，含まれる星座の名前をそれぞれ答えなさい。

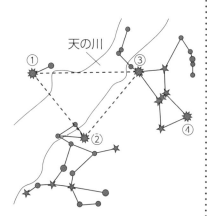

280 ① プロキオン・黄・こいぬ座
　　② シリウス・白・おおいぬ座
　　③ ベテルギウス・赤・オリオン座
　　④ リゲル・青白・オリオン座

◆ポイント◆ ①〜④の中で最も明るい星は②のシリウスです。表面温度の高い順に並べると④→②→①→③になります。

⊠281 右図は，地平線近くのオリオン座を示しています。

① 観察した方角を4方位で答えなさい。

② この後，オリオン座はA〜Dのどの向きに動きますか。

③ オリオン座が南中するのは何月中旬の午後8時頃ですか。

④ オリオン座の3つ星の南中高度の求め方を答えなさい。

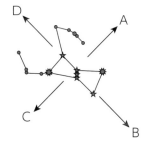

地平線

281 ① 東
　　② A
　　③ 2月中旬
　　④ 90度－その土地の緯度

◆ポイント◆ 東ではオリオン座の3つ星の向きが縦に，南では斜め，西では横になります。また，オリオン座の3つ星は春分・秋分の太陽と同じ動きをし，空に出ている時間は12時間ほどです。南中高度も春分・秋分の太陽と同じように求めることができます。

□282　下図は，北緯36度におけるオリオン座の3つ星の動きを示す天球図です。

① オリオン座の3つ星の南中高度を示すAは何度ですか。

② 北極星の高度を示すBは何度ですか。

③ 南中したオリオン座の3つ星と北極星との角度を示すCは何度ですか。

④ 北極星が北の空でほぼ同じ位置に見え続けるのはなぜですか。

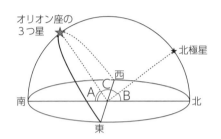

282　① 54度
　　② 36度
　　③ 90度
　　④ 北極星は地軸の北側の延長線上に位置するから。

◆ポイント◆　オリオン座の3つ星は，春分・秋分の日の太陽と同じく，真東からのぼって真西に沈みます。ただし，太陽とは違い，季節によって南中高度は変わりません。

□283　星は，およそ1日で360度，1時間で約〔　①　〕度，南の空では〔　②　〕まわりに，北の空では北極星を中心に〔　③　〕まわりに動いて見えます。これを星の日周運動といいます。

283　① 15
　　② 時計
　　③ 反時計

□284　星は，1年で360度，1か月で約〔　①　〕度，南の空では〔　②　〕まわりに，北の空では北極星を中心に〔　③　〕まわりに動いて見えます。これを星の年周運動といいます。

284　① 30
　　② 時計
　　③ 反時計

□285　星が同じ位置に見える時刻は1日あたり約〔　①　〕分ずつ②{早く　遅く}なります。このことから考えると星が南中して次に南中するのにかかる時間は約〔　③　〕になります。また星が同じ時刻に見える位置は1日あたり約〔　④　〕度ずつ⑤{東　西}へずれます。

285　① 4
　　② 早く
　　③ 23時間56分
　　④ 1
　　⑤ 西

☒286 下図のＡ〜Ｄは，それぞれ東・西・南・北いずれの方角の星の動きを記録したものですか。また，それぞれ星はア・イのどちらの向きに動きましたか。

A

B

C

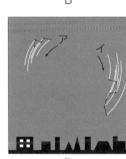
D

☒287 下図の星座早見について
① ＡとＢが示す方角を答えなさい。
② Ｃ〜Ｅはそれぞれ何を示していますか。
③ 北の空を観察するときは，星座早見の｛東　西　南　北｝を下にして手に持ちます。
④ Ｆのように動く星の例を１つ答えなさい。

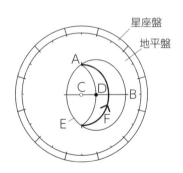

星座盤
地平盤

286　A　東・イ
　　　　B　西・イ
　　　　C　南・イ
　　　　D　北・ア

◆ポイント◆　下図のように，天体は北極星を中心にまわっているように見えます。

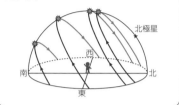

北極星
西
南　　　北
東

287　①　A　西
　　　　　B　南
　　　②　C　北極星
　　　　　D　天頂
　　　　　E　地平線
　　　③　北
　　　④　オリオン座の３つ星

◆ポイント◆　星座早見は空を見て使うので，東西の方角が地面を見ている地図とは逆であることに注意をしましょう。また，図のＦは真東からのぼって真西に沈む様子を表した線です。

第2節　地層・岩石・火山

☒288　川がつくる下図A〜Cの地形の名前，でき方を説明しなさい。

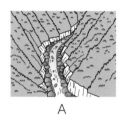
A

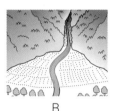
B

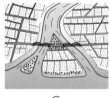
C

288　A　V字谷：標高が高く傾斜が急な地域で，川の流れが速いため垂直方向の侵食作用と運搬作用がはたらき，谷底が深く削られてできる。
　　　B　扇状地：川が山から平らな所へ出るような傾斜が急に小さくなる地域で，川の流れが急に遅くなるため堆積作用がはたらき，主に小石が堆積してできる。
　　　C　三角州：河口付近で川の流れが急に遅くなり，堆積作用がはたらくことでできる。

☒289　下図は，川を真上から見た様子です。
　①　「A−B」と「C−D」について，下流側から見た川底の様子をそれぞれア〜カから選びなさい。
　②　「A−B」と「C−D」について，川の流れが速いところはそれぞれどこですか。

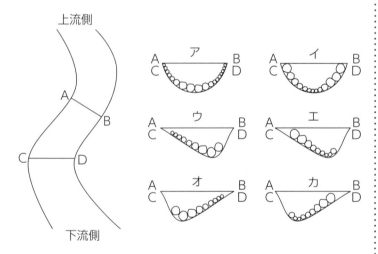

上流側

下流側

289　①　A−B　ア
　　　　　C−D　オ
　　　②　A−B　川の中ほどが速い。
　　　　　C−D　カーブの外側（C側）が速い。

⊠290　右図は，川の下流で見られる
　　　地形です。
　　① 　川が左右に曲がることを何
　　　といいますか。
　　② 　Aの地形の名前を答えなさい。
　　③ 　①と②はどのような場所でできる地形ですか。

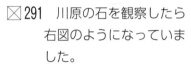

290　① 　蛇行　　② 　三日月湖
　　　③ 　水平方向の侵食作用がは
　　　たらく，傾斜がとても小さ
　　　く平らなところ。

◆ポイント◆　カーブの外側は侵食作
用が強く，内側は堆積作用が強くはた
らくため，川の曲がり方は時間ととも
に大きくなっていきます。

⊠291　川原の石を観察したら
　　　右図のようになっていま
　　　した。
　　① 　AとBのどちら側が上流ですか。
　　② 　①の答えになるのはなぜですか。

A←　　　　→B

291　① 　A
　　　② 　川の流れにより，下流側
　　　へ向かって石が傾くから。

⊠292　図1は，河口付近の海に土砂が堆積している様子を真
　　　横から見たものです。図2は同じ様子を真上から見たも
　　　のです。A～Cの堆積物は何ですか。

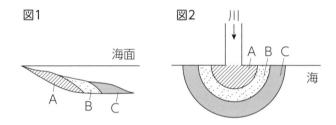

図1

図2

海面

川

A B C

海

A　　B　　C

292　A 　小石（レキ）
　　　B 　砂
　　　C 　泥（ねん土）

⊠293　小石や砂，泥，火山灰の粒について
　　① 　小石と砂と泥の粒の違いを説明しなさい。
　　② 　「小石・砂・泥」と「火山灰」の粒の違いを説明しな
　　　さい。

293　① 　粒の大きさが違い，直径が
　　　2mm以上が小石，$2 \sim \frac{1}{16}$mm
　　　が砂，$\frac{1}{16}$mm以下が泥とされ
　　　る。
　　　② 　小石・砂・泥は流水のはた
　　　らきで，流れる途中で他の石
　　　などとぶつかり角がとれて
　　　丸みを帯びているが，流水
　　　のはたらきを受けていない
　　　火山灰は，粒が角ばっている。

◆ポイント◆
① 　砂の大きさは2～0.06mmと示され
ることもあります。
② 　土砂は海底や湖底で堆積し地層を
つくりますが，火山灰は陸にも堆積
します。

⊠294 下図は，連続した地層の重なり方を表しています。

① このような地層の重なり方を何といいますか。

② 小石の層が観察されることから分かることは何ですか。

③ 泥の層が観察されることから分かることは何ですか。

④ Aの範囲が堆積したときの河口からの距離や海の深さの変化を説明しなさい。

⑤ ④の変化が海水面の変化だとすると，どのような変化でしたか。

⑥ ④の変化が土地の上下の変化だとすると，どのような変化でしたか。

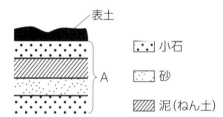

⊠295 気候変動による海水面の変化について

① 温暖化すると海水面はどのように変化しますか。

② ①の答えになるのはなぜですか。

⊠296 地下水がたまる場所について

① 294の地点に雨が降ったとき，地下水がたまりやすいのはどこですか。

② ①の答えになるのはなぜですか。

---

294 ① 整合

② この層ができた当時，河口から近く浅い海底だったこと。

③ この層ができた当時，河口から遠く深い海底だったこと。

④ 最初は河口から近く浅かったが，次第に河口から離れ深くなり，その後急に河口から近く浅くなった。

⑤ 海水面が次第に高くなり，その後急に低くなった。

⑥ 土地が次第に沈降し，その後急に隆起した。

◆ポイント◆ 292の図1を参考にしましょう。小石は河口から近く海の浅いところ，泥は河口から遠く海の深いところに堆積します。

295 ① 海水面が上昇する。

② 南極など陸上の氷がとけて海に流れ込んだり，海水の表層部が膨張したりするから。

◆ポイント◆ 北極など海に浮かんでいる氷がとけても海水面の高さは変化しません。

296 ① 泥の層の上。

② 粒の細かい泥は水をとても通しにくいから。

☒ 297 図1〜図4は，いずれもＡよりＢの方が古い層です。
そのことが分かる理由をそれぞれ説明しなさい。

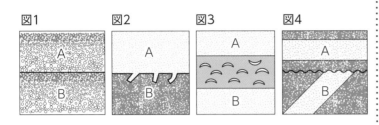

図1　図2　図3　図4

☒ 298 下の図はある地層の様子を示しています。
① 次のア〜カを起こった順に並べなさい。
　ア．Ａ層が海底で堆積した。
　イ．Ｂ層が海底で堆積した。
　ウ．Ｂ層に断層が生じた。
　エ．火山が噴火し，マグマが入り込んで固まった。
　オ．Ｂ層が隆起し地上で表面が削られた後，沈降して
　　再び海底になった。
　カ．Ｂ層がしゅう曲した。
② この地域では現在も含めて，最低何回陸地になりま
したか。
③ ②の答えになるのはなぜですか。

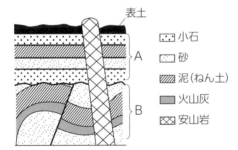

表土

［∷］小石
［　］砂
［▨］泥（ねん土）
［■］火山灰
［▨］安山岩

Ａ
Ｂ

☒ 299 断層について
① 左右から押されてできた断層をア〜エから選びなさい。
② 正断層をア〜エから選びなさい。

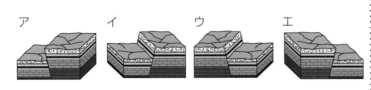

ア　イ　ウ　エ

297 図1　1つの層の中では，大
きな粒が下から積もるから。
図2　下向きに穴を掘って巣
をつくるカニなどの巣穴の
化石があるから。
図3　二枚貝の化石があり，
二枚貝は殻をふせた状態で
積もることが多いから。
図4　不整合面があり，地上
に出たときにＢの層が削ら
れたことが分かるから。

298 ① イ→カ→ウ→オ→ア→エ
② 2回
③ 過去に地上に出て風化さ
れたことが分かる不整合面
がＡとＢの層の間にあり，
また現在陸地であることと
合わせて最低2回だから。

◆ポイント◆ 292と合わせて考えま
しょう。しゅう曲・断層などは，地層
ができたあとに何かがあったというこ
とです。例えば，Ｂの層はしゅう曲し
ていますが断層によって途中がずれた
と読み取れるので，「しゅう曲→断層」
の順が分かります。また，図の安山岩
は貫入したマグマが固まってできたも
ので，ＡとＢの層を貫いており，最後
にできたと考えられます。

299 ① ア・エ
② イ・ウ

◆ポイント◆ 加わる力の向きは➡の
通りです。

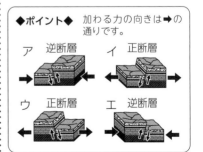

ア　逆断層　イ　正断層
ウ　正断層　エ　逆断層

第2章　地学

83

300　堆積岩について

① 堆積岩はどのような岩石ですか。

② 石灰岩はどのようにしてできた岩石ですか。

③ 凝灰岩（ぎょうかいがん）はどのようにしてできた岩石ですか。

300
① 小石・砂・泥などの層が，上に積もった物の重さなどで，押し固められてできた岩石。

② 炭酸カルシウムの殻をもつ生き物の死がいなどが堆積して，押し固められてできた岩石。

③ 火山灰などが堆積して，押し固められてできた岩石。

◆ポイント◆　レキ岩は「小石・砂・泥」，サ岩は「砂」や「砂・泥」，デイ岩は「泥」が押し固められてできた堆積岩です。

301　堆積岩には化石が含まれることがあります。

① キョウリュウの化石が見つかると，その地層について何が分かりますか。

② ①のような化石を何と呼びますか。

③ ②はどんな生き物の化石が適していますか。

④ サンゴの化石が見つかると，その地層について何が分かりますか。

⑤ ④のような化石を何と呼びますか。

⑥ ⑤はどんな生き物の化石が適していますか。

301
① 地層ができた時代が中生代であることが分かる。

② 示準化石

③ 広い範囲に限られた期間だけ生存した生き物

④ 地層ができた当時の環境があたたかく澄んだ浅い海であることが分かる。

⑤ 示相化石

⑥ 限られた環境で生存する生き物

302　下の図は，それぞれどの地質時代を示す化石ですか。

アンモナイト　　フズリナ　　マンモス

サンヨウチュウ　ナウマンゾウ

302
アンモナイト　中生代

フズリナ　古生代

マンモス　新生代

サンヨウチュウ　古生代

ナウマンゾウ　新生代

◆ポイント◆　2億5000万年前から大きな隕石の衝突による影響で恐竜などの多くの生物が絶滅したとされる6600万年前までを中生代といいます。

⊠303 次の生き物の化石が発見された土地は，昔どのような場所だったと考えられますか。
① アサリ ② ハマグリ ③ シジミ ④ 木の葉

303 ① 浅い海
② 浅い海
③ 汽水湖や河口付近
④ 湖や沼

⊠304 地表から垂直に穴を掘って地下の様子を調べることを〔 ① 〕調査といい，この調査で得られた〔 ② 〕をもとにして右図のような地層の重なりを示す〔 ③ 〕をかくことができます。

304 ① ボーリング
② 試料
③ 柱状図

⊠305 地下の岩石が熱でとけたものを〔 ① 〕といいます。〔 ① 〕が地上に出たものを〔 ② 〕，〔 ① 〕が冷えて固まった岩石を〔 ③ 〕といいます。

305 ① マグマ
② 溶岩
③ 火成岩

⊠306 下図のA～Cは，岩石を顕微鏡で観察してスケッチしたものです。
① AとBの様子の違いを説明しなさい。
② BとCの様子の違いを説明しなさい。
③ BとCのでき方の違いを説明しなさい。
④ BやCのような組織の岩石をそれぞれ何といいますか。

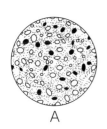
A

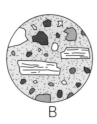
B

無色で透明な粒　白い粒　黒い粒
C

306 ① Aは粒が丸みを帯びており大きさがそろっているがBは粒が角ばっており大きさも不ぞろいである。
② Bは粒の大きさが不ぞろいで結晶の粒になっていない部分もあるがCは大きな粒で大きさもある程度そろっている。
③ Bはマグマが地表付近で急に冷やされてでき，Cはマグマが地下深くでゆっくりと冷やされてできた。
④ B 火山岩 C 深成岩

◆ポイント◆ Aは堆積岩（レキ岩）を観察したスケッチです。マグマが急に冷やされると，結晶が小さくいびつになります。

⊠307 306のCについて
① 無色で透明な粒は何ですか。
② 白い粒は何ですか。
③ 黒い粒は何ですか。
④ この岩石の名前を答えなさい。

307 ① 石英
② 長石
③ 黒雲母
④ カコウ岩

◆ポイント◆ 特に大きい石英の結晶は水晶と呼ばれます。また身のまわりにあるガラスと石英は同じ成分でできています。

☒308　火成岩の分類について，①〜③に当てはまる岩石は何ですか。

白 ◀──────── 色 ────────▶ 黒
強 ◀────── マグマの粘り気 ──────▶ 弱

火山岩	リュウモン岩	①	②
深成岩	③	センリョク岩	ハンレイ岩

308　① アンザン岩
② ゲンブ岩
③ カコウ岩

☒309　火山の形について
① 火山の形はマグマの粘り気によって決まります。AとCの火山をつくるマグマの粘り気の違いを説明しなさい。
② 火山は火山岩によってできています。AとCはどのような火山岩でできていますか。
③ Aの火山で起こりやすい，火山からの高温の噴出物が高速で山を流れ下る現象を何といいますか。

A ドーム状火山
有珠山など

B 成層火山
桜島など

C たて状火山
ハワイ島マウナケアなど

309　① Aはマグマの粘り気が強く，Cはマグマの粘り気が弱い。
② A　リュウモン岩
　　C　ゲンブ岩
③ 火砕流

◆ポイント◆　Aの火山の方が噴火の様子は激しく，Cの方がおだやかです。

☒310　火山の噴火によって噴出するもののうち，火山ガスの主な成分は〔 ① 〕で，ほかに有毒な二酸化炭素や硫化水素などが含まれます。また，直径2mm以下の火山噴出物を〔 ② 〕といい，小さな穴がたくさん開いていて水に浮くほど軽いものを〔 ③ 〕といいます。

310　① 水蒸気
② 火山灰
③ 軽石

◆ポイント◆　二酸化炭素は空気中に約0.04％含まれますが，濃度が高く（3％以上）なると人体にとって有毒な気体になります。また，軽石の小さな穴は，地下のマグマに溶けている水がマグマの上昇によって溶けきれなくなり，気体となって出てくること（発泡）でできます。

⊠311　海洋プレートが大陸プレートの下に沈み込む〔　①　〕
　　で周期的に発生する大規模な地震を〔　①　〕型地震と
　　いいます。また，内陸の〔　②　〕がずれるときに発生
　　する地震を内陸型地震といいます。

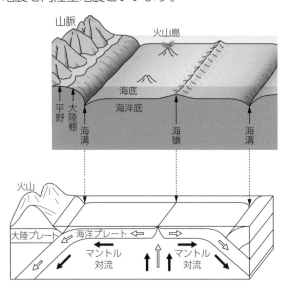

⊠312　右図は，地震が発生し
　　た地下の位置・その真上
　　にある地表の点・観測地
　　点の3点を含む断面図で
　　す。A～Cに当てはまる
　　語句を答えなさい。

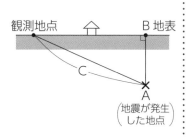

⊠313　地震の規模を示す数値は〔　①　〕で表します。〔　①　〕
　　が2大きくなるとその地震のエネルギーは1000倍，1大
　　きくなると約〔　②　〕倍になります。

⊠314　地震において，各地のゆれの大きさは〔　①　〕で表
　　します。〔　①　〕は0～7までの〔　②　〕段階に分か
　　れており，5と6は5弱・5強・6弱・6強とそれぞれ
　　2つに分かれています。

311　①　海溝
　　②　活断層

312　A　震源
　　B　震央
　　C　震源距離

313　①　マグニチュード
　　②　32

◆ポイント◆　約32×約32＝1000倍
です。

314　①　震度
　　②　10

◆ポイント◆　ある地震において，マ
グニチュードの値は1つしかありません
が，震度は観測地点によって異なります。
　震度0は無感地震といい，地震が起
こっていないわけではありません。

☒315 下図は，同じ地震を観測した2地点での地震計の記録
をまとめたものです。アは先にくる小さなゆれ，イはあ
とからくる大きなゆれを表しており，ウは小さなゆれが
はじまった時刻を線で結んだもの，エは大きなゆれがは
じまった時刻を線で結んだものです。アとイのゆれの名
前をそれぞれ答えなさい。

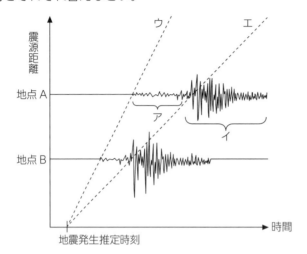

315　ア　初期微動
　　イ　主要動

◆ポイント◆　地震が発生すると，震
源からP波・S波という速さの異なる
2種類の波が伝わってきます。ある地
点にP波が伝わると，初期微動という
小さなたてゆれが起こり，S波が伝わ
ると主要動という大きなよこゆれが起
こります。緊急地震速報は，このP波
とS波が到着する時間の差を利用した
ものですが，震源に近い地点では速報
が届く前に大きなゆれが起こることが
あるので，注意が必要です。

☒316 地震計は上下・東西・南北のゆれをそれぞれ記録する
3種類でセットになっており，上下は〔　①　〕，東西と
南北は〔　②　〕の不動点を利用しています。

316　①　ばね
　　②　ふりこ

◆ポイント◆　ふりこの糸の端を持
ち，すばやく手を動かすと，おもりは
ほとんど動きません。

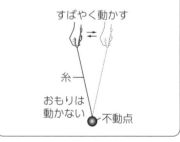

☒317 地震によって海に発生する波を〔　①　〕，地震で地盤
がゆるみ，建物が倒壊したりする現象を〔　②　〕とい
います。

317　①　津波
　　②　液状化現象

第3節　気象

☒318　温度計を使って気温をはかるポイントを3つあげなさい。

318
・風通しのよいところではかる。
・日なたで温度計に直射日光が当たらないようにおおいをしてはかる。
・地上1.2〜1.5 mの高さではかる。

☒319　右図は〔　①　〕という装置で，約〔　②　〕の高さに温度計などが入っています。太陽の直射日光による放射熱の影響を小さくするため，放射熱を〔　③　〕しにくい白いペンキでぬってあり，さらに木でできているので〔　④　〕により熱が伝わりにくく，芝生の上に設置することで〔　⑤　〕を防いでいます。またよろい戸になっていることで〔　⑥　〕が良く，扉を開いたときに直射日光が差し込まないように扉は〔　⑦　〕向きにあります。

319
① 百葉箱
② 1.5 m
③ 吸収
④ 伝導
⑤ 照り返し
⑥ 風通し
⑦ 北

☒320　右図は地温をはかっている様子です。温度計を使って地温をはかるポイントを2つあげなさい。

320
・土を掘って，中に温度計の球部を入れ，上から土をかぶせる。
・温度計の球部以外に直射日光が当たらないようおおいをする。

☒321　図1のようにして太陽高度を測定します。図1を模式的に表したのが図2です。図2のア〜ウのうち，太陽高度と同じ角度を示すのはどれですか。

321　ア・イ

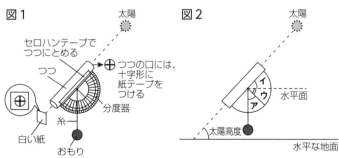

☒ **322** 下図は，気温・地温・太陽高度の1日の変化を示しています。

① A〜Cはそれぞれ何を示していますか。

② 1日の気温と地温がそれぞれ最高，最低になるのはいつですか。

③ 太陽高度・地温・気温が最高になる時刻が，この順でそれぞれ約1時間ずつずれるのはなぜですか。

④ 最高気温と最高地温はどちらが高いですか。

⑤ 最低気温と最低地温はどちらが低いですか。

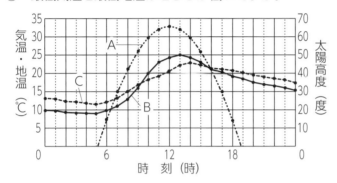

322 ① A　太陽高度
　　　B　地温
　　　C　気温

② 最高気温　14時頃
　　最高地温　13時頃
　　最低気温　日の出前
　　最低地温　日の出前

③ 太陽からの放射熱によってまず地面があたたまり，地面からの熱で空気があたたまるから。

④ 最高地温が高い

⑤ 最低地温が低い

◆ポイント◆　夜間は放射冷却によって，地温も気温も下がり続けるため，日の出前の温度が最低になります。また地面と空気を比べると，地面の方があたたまりやすく冷めやすいため変化が大きくなります。

☒ **323** 右図は，同じ頃の晴れの日とくもりの日の1日の気温の変化を示しています。

① 晴れの日の方が最高気温が高いのはなぜですか。

② 晴れの日の方が最低気温が低いのはなぜですか。

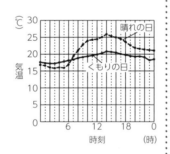

323 ① 雲に邪魔されず太陽の光が地面をあたためやすく，気温も上がりやすいから。

② 雲に邪魔されず，夜間に放射冷却によって地温や気温が下がりやすいから。

☒ **324** 1年間の太陽の南中高度や地温，気温の変化について

① 太陽の南中高度が最高になるのはいつですか。

② 太陽の南中高度が最低になるのはいつですか。

③ 地温や気温が最高になるのは何月頃ですか。

④ 地温や気温が最低になるのは何月頃ですか。

⑤ 春分と秋分だと気温が高くなるのはどちらですか。

324 ① 夏至（6月22日頃）

② 冬至（12月22日頃）

③ 7〜8月頃

④ 1〜2月頃

⑤ 秋分

◆ポイント◆　例えば東京の気温の平年値は3月が9.4℃，9月が23.3℃です。

☒ **325** 次の①〜③の記号が表す天気と雲量をそれぞれ答えなさい。

① ◎　　　② ◑　　　③ ○

325 ① くもり・9〜10

② 晴れ・2〜8

③ 快晴・0〜1

☒326 右図のAは天気
記号，Bは吹き
流しの様子です。
① Aの天気と風
向，風力を答え
なさい。
② Bのときの風向を答えなさい。

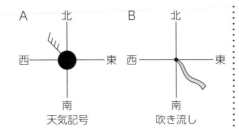

A 北 B 北

西 — 東 西 — 東

南 南
天気記号 吹き流し

326 ① 雨・北西・4
② 北西

◆ポイント◆ 風が吹いてくる方向を
風向といいます。風力4は毎秒5.5～
8.0 mぐらいの風で砂ぼこりが立ち紙片
が舞上がります。風力8は毎秒17.2～
20.8 mぐらいの風で小枝が折れます。
台風は風力8以上です。

☒327 降水量や気温・湿度・風向・風速などの気象データを
記録するために全国に設置された，日本の「地域気象観
測システム」の略称を何といいますか。

327 アメダス

☒328 右図は，広範囲の雲画像
を撮影している日本の静止
気象衛星「ひまわり」です。
① どこに位置していますか。
② 常に同じ位置にあるよう
に見えるのはなぜですか。

赤道 地球

気象衛星「ひまわり」

328 ① 赤道上空約36000km
② 地球の自転とひまわりが
周回する向きと周期が同じ
だから。

◆ポイント◆ ひまわりの方が地球の
自転より進む距離は長いので，「周期」
は同じですが「速さ」は違います。

☒329 気圧について
① 単位を答えなさい。
② 山頂と麓では気圧が低いのはどちらですか。
③ ②の答えになるのはなぜですか。
④ 地上で気圧の高低は天気とどのような関係があります
か。

329 ① hPa（ヘクトパスカル）
② 山頂
③ 山頂の方が上空にある空
気の重さが軽いから。
④ 気圧が高い方が晴れやす
く，気圧が低い方が天気が
くずれやすい。

☒330 空気1㎥中に含むことのできる水蒸気の限界量を
〔 ① 〕といいます。〔 ① 〕は〔 ② 〕によって
変化し，〔 ② 〕が高い方が〔 ① 〕の値は③{大き
く 小さく}なります。

330 ① 飽和水蒸気量
② 気温
③ 大きく

☒331 湿度について
① 湿度とは何ですか。
② 湿度を求める式を答えなさい。

331 ① その温度での飽和水蒸気
量に対して，空気1㎥中に
含まれる水蒸気量の割合を
百分率で表したもの。
②湿度(%)＝
$\dfrac{空気1㎥中に含まれる水蒸気量}{その温度での飽和水蒸気量} \times 100$

⊠332 水蒸気を含んだ空気を冷やしていくと〔 ① 〕の値が小さくなるため，湿度は〔 ② 〕なります。やがて空気1㎥中に含まれる水蒸気量と〔 ① 〕が等しくなり，湿度が〔 ③ 〕％となって水滴が生じます。このときの温度を〔 ④ 〕といいます。

332 ① 飽和水蒸気量
　　② 高く
　　③ 100
　　④ 露点

⊠333 図1の乾湿球湿度計について
　① 湿球の示す値が乾球の示す値より低くなるのはなぜですか。
　② 乾球の示す値が20℃，湿球の示す値が17℃のとき，湿度は何％ですか。表から読み取りなさい。

図1
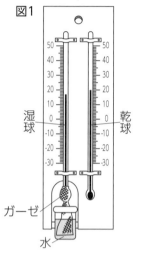
湿球　乾球
ガーゼ
水

333 ① ガーゼにしみ込んだ水が蒸発するとき，湿球から気化熱をうばうから。
　　② 73％

表

	乾球温度計と湿球温度計の示す温度の差（℃）				
	0.0	1.0	2.0	3.0	4.0
21	100	91	82	73	65
20	100	91	81	73	64
19	100	90	81	72	63
18	100	90	80	71	62
17	100	90	80	70	61
16	100	89	79	69	59

（乾球温度計の示す温度（℃））

⊠334 下図は雲のでき方についての実験の様子です。
　① ピストンを引くと中の空気の体積はどう変化しますか。
　② ①のとき，フラスコ内の気圧はどう変化しますか。
　③ ①のとき，温度計の示す値は低くなります。このとき，飽和水蒸気量はどう変化しますか。
　④ ③のことから，フラスコの中ではどのような変化が見られると考えられますか。

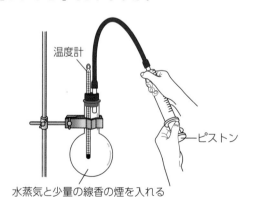
温度計
ピストン
水蒸気と少量の線香の煙を入れる

334 ① 膨張する。
　　② 低くなる。
　　③ 小さくなる。
　　④ 水蒸気が水になり，白くくもる。

◆ポイント◆ 線香の煙の非常に小さな粒子は水蒸気が水に凝縮するときの核となります。

☒335 湿った空気が上昇することで雲ができます。そのしくみを説明しなさい。

335 湿った空気が上昇すると，周囲の気圧が低いため，空気が膨張し，温度が下がる。すると飽和水蒸気量が小さくなり，露点より温度が下がると水蒸気が水に変化することで雲ができる。

☒336 右図で電球をつけると，箱の中の空気は矢印のように対流しました。これは海風・陸風のいずれかをモデルにした実験です。

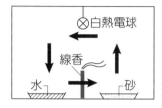

① 海風と陸風のどちらを再現していますか。
② ①の吹くしくみを説明しなさい。
③ 海岸付近では，朝と夕方に無風状態の凪（なぎ）になります。なぜ朝と夕方に凪になるのですか。

336 ① 海風
② 海より陸の方が太陽の放射熱であたたまりやすいため，陸の上の空気があたたまり膨張し上昇する。そこへ向かって海から吹く風が海風である。
③ 陸の上と海の上の空気の温度が朝と夕方に等しくなるから。

☒337 季節によって吹く向きが変化する風である季節風は，大陸と海洋の〔 ① 〕が原因で起こります。日本付近では，大陸から海洋に向かって〔 ② 〕の季節に〔 ③ 〕の風が吹き，海洋から大陸に向かって〔 ④ 〕の季節に〔 ⑤ 〕の風が吹きます。

337 ① 温度差
② 冬
③ 北西
④ 夏
⑤ 南東

☒338 下図は，低気圧と高気圧の様子を示しています。
① AとBは，それぞれ低気圧・高気圧のどちらですか。
② 地表で風は，「低気圧→高気圧」と「高気圧→低気圧」のどちらの向きで吹きますか。
③ 低気圧と高気圧で天気が晴れになるのはどちらですか。
④ ③の答えになるのはなぜですか。

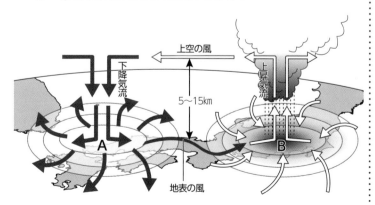

338 ① A 高気圧
B 低気圧
② 高気圧→低気圧
③ 高気圧
④ 中心が下降気流になっている高気圧では，空気が上空から地上へ下降するため，周囲の気圧が高く空気が収縮して温度が上がるので飽和水蒸気量が大きくなり，雲が消失しやすいから。

☒ 339　北半球の低気圧・高気圧のうずの巻き方（地表付近の風の吹き方）を示す正しい図を，それぞれ**ア～エ**から選びなさい。

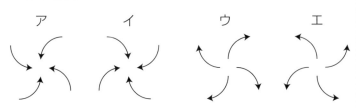

339　低気圧　ア
　　　高気圧　ウ

◆ポイント◆　338 の図を見ましょう。うずを巻くのは地球の自転が原因です。

☒ 340　ある場所に高気圧が留まることにより，広い範囲であたたかさと湿り気の性質がほぼ一定である空気のかたまりを〔　①　〕といいます。日本付近の〔　①　〕は，下図のように北側と南側，海側と大陸側とで，それぞれ性質が異なります。北側は②{あたたかく　冷たく}，南側は③{あたたかく　冷たく}，海側は④{湿潤で　乾燥して}，大陸側は⑤{湿潤になって　乾燥して} います。

340　① 　気団
　　　② 　冷たく
　　　③ 　あたたかく
　　　④ 　湿潤で
　　　⑤ 　乾燥して

☒ 341　右下図は，日本付近の 4 つの気団を示しています。

① 　A～D の気団の名前をそれぞれ答えなさい。
② 　冷たい空気のかたまりをもつのは A～D のどれですか。
③ 　乾燥した空気のかたまりをもつのは A～D のどれですか。

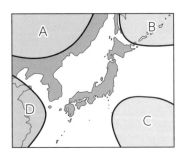

341　① 　A　シベリア気団
　　　　　B　オホーツク海気団
　　　　　C　小笠原気団
　　　　　D　長江（揚子江）気団
　　　② 　A・B
　　　③ 　A・D

☒ 342　日本を含む中緯度地域の上空に，1 年を通して常に吹いている強い西よりの風を何といいますか。

342　偏西風

◆ポイント◆　偏西風によって，日本の天気は西から東へ変化していきます。

⊠343 下図のA〜Cは，連続した3日間の雲の画像です。
① A〜Cを日付の順に並べなさい。
② このような短い期間で雲が移動し，天気が周期的に変化しやすい季節はいつですか。
③ ②の季節に日本に影響のある気団は何ですか。
④ ③の気団から偏西風の影響で日本にやってくる高気圧を何と呼びますか。
⑤ A〜Cの雲の部分にあるのは高気圧と低気圧のどちらですか。

A	B	C
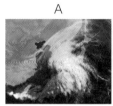	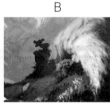	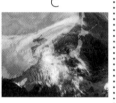

⊠344 日本での長雨について
① 6月から7月にかけて続く長雨を何といいますか。
② 8月末から10月にかけて降る長雨を何といいますか。

⊠345 下図のAは6月頃の雲画像，Bは同じ頃の天気図です。
① Bで見られる停滞前線を特に何と呼びますか。
② ①の停滞前線のかかった地域の天気はどうなっていますか。
③ ①は何という2つの気団の間にできますか。
④ ③の2つの気団におおわれた地域の天気はどうなっていますか。
⑤ 7月から8月にかけて①はどのように変化しますか。
⑥ ⑤の答えになるのはなぜですか。

A	B
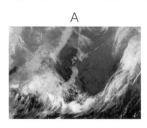	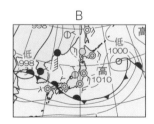

343 ① C→A→B
② 春・秋
③ 長江（揚子江）気団
④ 移動性高気圧
⑤ 低気圧

344 ① 梅雨（つゆ）
② 秋雨（あきさめ）

345 ① 梅雨前線（ばいうぜんせん）
② 雨が降っている。
③ オホーツク海気団と小笠原気団
④ 晴れている。
⑤ 北上して消える。
⑥ 夏にかけて小笠原気団（太平洋高気圧）の勢力が強まり前線を北へおし上げるから。

◆ポイント◆ 前線とは，異なる性質をもった空気のかたまりがぶつかる境界を表しています。

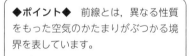

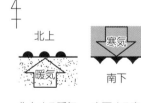

北上する暖気　南下する寒気

⊠ 346　下図のAとBは夏と冬のいずれかの雲画像，CとDは
　　　　夏と冬のいずれかの天気図です。
　　　①　夏の雲画像と天気図をA〜Dからそれぞれ選びなさい。
　　　②　夏の雲画像と天気図の特徴を説明しなさい。
　　　③　冬の雲画像と天気図の特徴を説明しなさい。

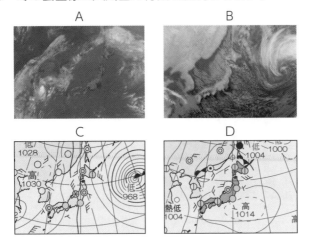

346　①　A・D
　　　②　夏は本州全体に太平洋高
　　　　　気圧が張り出しているので，
　　　　　雲画像は本州に雲がなく晴
　　　　　れており，天気図は南高北
　　　　　低の気圧配置になっている。
　　　③　冬は北西の季節風によっ
　　　　　て，雲画像には日本海上に
　　　　　すじ状の雲が見られ，天気
　　　　　図は西高東低の気圧配置に
　　　　　なっている。

◆ポイント◆　天気図にかかれている
数値は気圧で，単位は hPa です。高気
圧はまわりより気圧が高い状態で，特
定の基準値があるわけではありません。

⊠ 347　雨を降らせる雲である，乱層雲と積乱雲について
　　　①　乱層雲と積乱雲の通称はそれぞれ何ですか。
　　　②　次のA〜Dのときの雲は乱層雲と積乱雲のどちらで
　　　　すか。
　　　　A．夏の夕方に夕立を降らせる雲
　　　　B．台風や熱帯低気圧をつくる雲
　　　　C．低気圧が近づいてくるときに広範囲にしとしとと雨
　　　　　を降らせる雲
　　　　D．低気圧が通り過ぎるときに短く強い雨を降らせる雲

347　①　乱層雲　雨雲
　　　　　積乱雲　雷雲
　　　②　A　積乱雲
　　　　　B　積乱雲
　　　　　C　乱層雲
　　　　　D　積乱雲

◆ポイント◆　積乱雲は入道雲とも呼
ばれます。

☒ **348** 天気についての言い習わしを観天望気といいます。

 A．ツバメが低く飛ぶと ｛晴れ　雨｝

 B．山にかさ雲がかかると ｛晴れ　雨｝

 C．クモの巣に朝露がつくと ｛晴れ　雨｝

 D．夕焼けの翌日は ｛晴れ　雨｝

 E．朝虹は ｛晴れ　雨｝

 F．夕虹は ｛晴れ　雨｝

 G．飛行機雲が長く残ると ｛晴れ　雨｝

 H．うろこ雲が見られると ｛晴れ　雨｝

348	A	雨	B	雨	C	晴れ
	D	晴れ	E	雨	F	晴れ
	G	雨	H	雨		

◆ポイント◆

A：ツバメのえさの昆虫は湿気ではね
 が重くなり，雨が近づくと低く飛ぶ
 といわれています。

B：湿った空気が山を上ると雲ができ
 ます。湿った空気が近づいているの
 で天気が崩れると考えられます。

C：夜に雲がないと放射冷却で冷えや
 すくなり，露や霜が降りやすくなり
 ます。

D〜F：偏西風の影響で日本では天気
 が西から東へと変化します。夕焼け
 は西側に雲がないことから翌日は晴
 れると考えられます。朝虹は朝に太
 陽は東にあり虹のもとである水滴が
 太陽の反対の西にあることから天気
 が崩れると考えられ，夕虹はその反
 対です。

G：飛行機雲はエンジンから排出され
 る高温の水蒸気が冷やされて水滴に
 なったものです。湿度が高いと水滴
 がなかなか水蒸気にならないため，
 飛行機雲が長く残ります。

H：うろこ雲（巻積雲）は下図のよう
 に暖気が上昇していくときにできる
 ため，時間とともに乱層雲が近づい
 てきます。

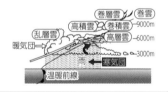

☒ **349** 北西太平洋にある〔　①　〕のうち，中心付近の最大風速が〔　②　〕以上（風力8以上）に達したものを「台風」と呼びます。

349	①	熱帯低気圧
	②	毎秒 17.2 m

⊠ 350　図1と図2の台風について
　　①　進行方向の右側（Bの部分）を〔　　〕といいます。
　　②　図1で，AよりBの部分の方が風が強くなるのはな
　　　　ぜですか。
　　③　図2のような位置関係に，観測者と台風の中心がなっ
　　　　たとき，観測者の位置での風向きを答えなさい。

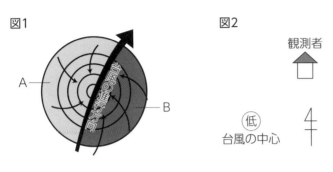

図1　　　　　　　　　　　　　図2

350　①　危険半円
　　　②　台風の中心に向かって吹
　　　　き込む風と台風の進行方向
　　　　が一致するから。
　　　③　東

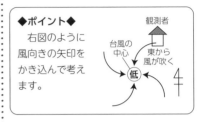

◆ポイント◆
　右図のように
風向きの矢印を
かき込んで考え
ます。

⊠ 351　台風の中心に見られる，雲がなく風もおだやかな部分
　　　　を〔　①　〕といいます。また，台風が通過後に晴れて
　　　　良い天気になることを〔　②　〕といいます。

351　①　台風の目
　　　②　台風一過

⊠ 352　台風によって海水が吸い上げられたり，沿岸に吹き寄
　　　　せられたりすると〔　①　〕となって，浸水などの被害
　　　　が出ることがあります。これに大潮の〔　②　〕が重な
　　　　ると，被害がさらに大きくなります。

352　①　高潮
　　　②　満潮

⊠ 353　1日の最高気温や最低気温について
　　　①　猛暑日とはどのような日ですか。
　　　②　真夏日とはどのような日ですか。
　　　③　夏日とはどのような日ですか。
　　　④　熱帯夜とはどのような日ですか。
　　　⑤　真冬日とはどのような日ですか。
　　　⑥　冬日とはどのような日ですか。

353　①　最高気温が35℃以上の日
　　　②　最高気温が30℃以上の日
　　　③　最高気温が25℃以上の日
　　　④　夜間の最低気温が25℃
　　　　以上の日
　　　⑤　最高気温が0℃未満の日
　　　⑥　最低気温が0℃未満の日

⊠ 354　特定の地域，特に都市部が周囲の郊外と比べて数℃気
　　　　温が高くなる現象を何といいますか。

354　ヒートアイランド現象

⊠ 355　湿った空気が山を越えるときに雨を降らせ，その後，
　　　　山を吹き降りることで，空気が乾燥して気温が高くなる
　　　　現象を何といいますか。

355　フェーン現象

第3章

物理編

第1節 力学

356 次の①～⑥の道具はてこを利用しています。それぞれ「A：支点と力点の間に作用点があるてこ」「B：力点と作用点の間に支点があるてこ」「C：作用点と支点の間に力点があるてこ」のどれに当てはまりますか。

①洋ばさみ

②パンばさみ

③釘抜き

④裁断機

⑤栓抜き

⑥ボートのオール

357 356のAとCのてこの特徴をそれぞれ答えなさい。

358 洋ばさみを使って分厚い紙を切るときは，刃の先端と根元のどちらを使って切った方が楽に切れますか。また，そう考えた理由は何ですか。

359 つめ切りは，2段のてこが組み合わさっています。右図で，1段目のてこの力点をDとすると，1段目のてこの支点・作用点，2段目のてこの力点・支点・作用点はどこですか。

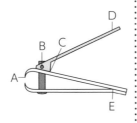

356
①	B	②	C
③	B	④	A
⑤	A	⑥	A

◆ポイント◆ 下図のようにオールの先端が支点になります。

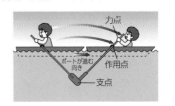

357 A 力点に加えた力に比べ，作用点にかかる力が必ず大きくなる。力点を動かした距離に比べ，作用点が動く距離が必ず短くなる。
C 力点に加えた力に比べ，作用点にかかる力が必ず小さくなる。力点を動かした距離に比べ，作用点が動く距離が必ず長くなる。

358 根元
理由 支点と作用点の距離が近いため，力点にかける力が小さくてすむから。

359
	力点	支点	作用点
1段目	D	B	C
2段目	C	E	A

✕ **360** ①～④のような軽い棒で，同じ重さのおもりをてこを使って持ち上げます。力点ではそれぞれ**ア・イ**のどちらの向きに力を加えればよいですか。

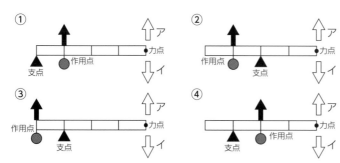

①
支点　作用点　力点　ア　イ

②
作用点　支点　力点　ア　イ

③
作用点　支点　力点　ア　イ

④
支点　作用点　力点　ア　イ

360
① ア
② イ
③ イ
④ ア

✕ **361** 360の①～④について
　A　力点で加える力が小さい順に①～④を等号・不等号を使って並べなさい。
　B　おもりを同じ距離動かすとき，力点を動かす距離が短い順に①～④を等号・不等号を使って並べなさい。

361　A　①＜③＝④＜②
　　　　B　②＜③＝④＜①

◆ポイント◆　支点と力点の距離が長い方が小さな力ですみますが，動かす距離は長くなります。

✕ **362** てこを使って物を持ち上げるとき，支点から力点までの距離と力点にかける力にはどのような関係がありますか。

362　支点から力点までの距離が小さくなると力点にかける力は大きくなり，支点から力点までの距離が大きくなると力点にかける力は小さくなるという関係。

✕ **363** 右図は軽い棒を使って，てこをつり合わせたときの様子です。
　① てこにかかる力（g）の関係はどうなっていますか。
　② ①を式に表しなさい。
　③ てこの支点を中心に回転させるはたらきの大きさの関係はどうなっていますか。
　④ ③を式に表しなさい。
　⑤ Bgのおもりをつるす位置を左にずらすと，てこは水平につり合わなくなりました。再び水平につり合わせるには，Agのおもりを左右どちらに動かせばよいですか。

Eg
Ccm　Dcm
支点
Ag　Bg

363　① 下向きにかかる力（g）の合計と上向きにかかる力（g）が等しくなっている。
　② Ag＋Bg＝Eg
　③ 時計回りにてこを回転させるはたらきの大きさと，反時計回りにてこを回転させるはたらきの大きさが等しくなっている。
　④ Ag×Ccm＝Bg×Dcm
　⑤ 右に動かす。

◆ポイント◆　「てこを支点を中心に回転させるはたらきの大きさ」は力（g）と支点からの距離（cm）の積で表します。このはたらきの大きさを「力のモーメント」と呼びます。

⊠364 次の①・②のように，てこ実験器に同じ重さのおもり
をいくつかつるすと，それぞれどうなりますか。

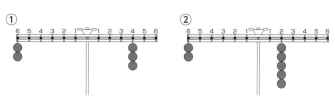

364 ① 水平につり合う。
   ② 左側が下がる。

◆ポイント◆ ②では，「反時計回り
（2個×距離6 = 12）＞時計回り（5
個×距離2 = 10)」より，左に傾きます。

⊠365 軽い棒を使って，図1と図2のように同じ重さのおも
りをつるしててこをつり合わせました。

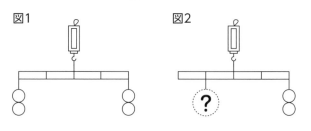

① 図1のばねばかりの示す値はおもり何個分ですか。
② 図2の**?**にはおもりを何個つるせばよいですか。
③ 図2のばねばかりの示す値はおもり何個分ですか。

365 ① おもり4個分
   ② おもり4個
   ③ おもり6個分

◆ポイント◆ 下図のようになります。

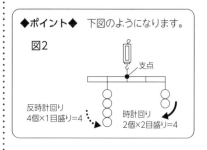

⊠366 軽い棒を使って図1～図3のようにおもりをつるす位
置をずらしていきました。このとき，ばねばかりの示す
値はおもり何個分ですか。

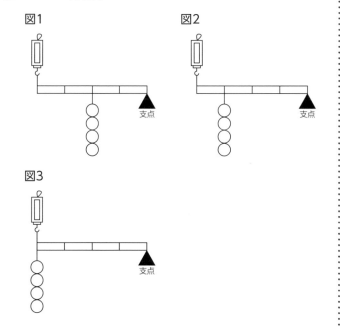

366 図1 おもり2個分
   図2 おもり3個分
   図3 おもり4個分

◆ポイント◆ 下図のようになります。

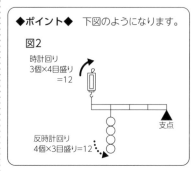

☒367 軽い棒を使って，図1のように同じ重さのおもりをつるすとつり合わず，棒を手で支えました。また，図2のようにばねばかりをとりつけたらつり合いました。

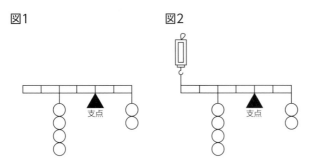

図1　　　　　図2
支点　　　　　支点

① 図1のとき，棒から手を離すとどうなりますか。
② 図2のばねばかりは，棒を支点を中心にどちら回りに回転させるはたらきになっていますか。
③ 図2のばねばかりの示す値はおもり何個分ですか。
④ 図2で左側の4個のおもりをすべてはずすとどうなりますか。

☒368 物体に重さがあるとき，重心に重なるように糸をつるすと,その物体はつり合います。
① 右図のように，板の一か所を糸でつるしました。この板の重心はどの範囲にありますか。
② 右図の板の重心を探すには，さらにどのような作業を行えばよいですか。
③ 図1～図3の形をした板の重心の位置に×をかきなさい。

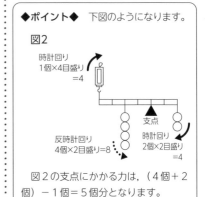

図1　　　　　図2　　　　図3
長方形　　　ひし形　　ドーナツ形

367
① 左に傾く
② 時計回り
③ おもり1個分
④ 棒は右に傾き，つり合わなくなる。

◆ポイント◆　下図のようになります。

図2
時計回り
1個×4目盛り
＝4
支点
反時計回り　　時計回り
4個×2目盛り＝8　2個×2目盛り
　　　　　　　　＝4

図2の支点にかかる力は，（4個＋2個）－1個＝5個分となります。

368
① 糸でつるしたところから真下に引いた線上
② ①の線を板に引いた後，別の点に糸をつけて再び板をつるし，その点から真下に線を板に引く。引いた2本の線の交点が板の重心である。
③

図1　　　　　図2　　　図3
長方形　　　ひし形　　ドーナツ形
×　　　　　　×　　　　×

◆ポイント◆　②下図のようにします。

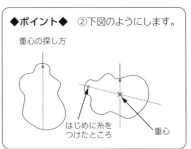

重心の探し方

はじめに糸をつけたところ　　　重心

□369 図1と図2は太さが一様な棒とおもりを使って，それぞれ水平につり合っています。

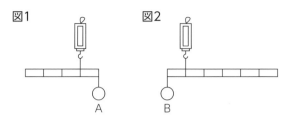

図1　　　図2

A　　　　B

① 図1の棒の重心はどこにありますか。
② おもりAは棒の重さの何倍ですか。
③ 図1のばねばかりの示す値は棒の重さの何倍ですか。
④ 図2の棒の重心はどこにありますか。
⑤ おもりBは棒の重さの何倍ですか。
⑥ 図2のばねばかりの示す値は棒の重さの何倍ですか。

□370 太さが一様でない棒を，図1〜図3のようにばねばかりでつるしました。

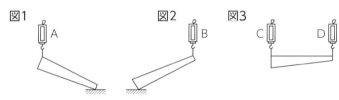

図1　　　　　図2　　　図3
A　　　　　　B　　　C　　D

① A〜Dの示す値を等号や不等号を使って大きい順に表しなさい。
② 棒の重さをA〜Dの記号を使って表しなさい。

□371 太さが一様ではない棒について
① 図1のようにすると棒は水平につり合いました。AとBはどちらが長いですか。
② この棒の重心はどこにありますか。
③ 図2のように，図1の棒の両端に同じ重さのおもりをつるしました。このとき，この棒はどうなりますか。

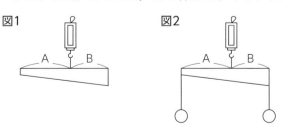

図1　　　　　　図2
A　B　　　　　　A　B

369 ① 棒の中心　② 1倍
③ 2倍　　　④ 棒の中心
⑤ 2倍　　　⑥ 3倍

◆ポイント◆　下図のようになります。

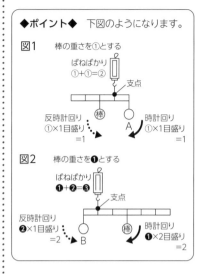

図1　棒の重さを①とする
ばねばかり
①＋①＝②
支点
反時計回り　　　　　時計回り
①×1目盛り　　　　①×1目盛り
＝1　　　　　　　　＝1
棒　A

図2　棒の重さを❶とする
ばねばかり
❶＋❷＝❸
支点
反時計回り　　　　　時計回り
❷×1目盛り　　　　❶×2目盛り
＝2　　　　　　　　＝2
B　棒

370 ① A＝C＞B＝D
② A＋B，A＋D，
C＋B，C＋D

◆ポイント◆　図1の右端の地面にかかる力は図3のDと等しく，図2の左端の地面にかかる力は図3のCと等しくなります。

371 ① Aが長い。
② ばねばかりでつるした点の真下
③ 棒の左側が下がる。

◆ポイント◆　③下図のようになります。2つのおもりの重さは等しいため，支点からの距離が長い方がてこを回転させるはたらきは大きくなります。

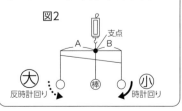

図2
支点
A　B
大　　　棒　　　小
反時計回り　　　　時計回り

☒ **372** 図1～図5のように、ばねAに同じ重さのおもりをつるしました。このときのばねの長さア～カを長い順に等号・不等号を使って並べなさい。ただし、図3は軽い棒を使って水平につり合わせています。

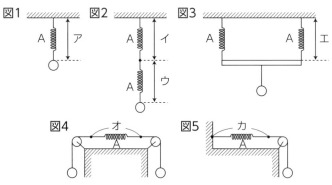

☒ **373** 右のグラフは、ばねAにつるしたおもりの重さとばねの長さの関係と、ばねAを半分に切ったばねBにつるしたおもりの重さとばねの長さの関係を示しています。ばねを半分に切ると、何がどのように変化しますか。

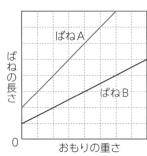

☒ **374** 滑車を組み合わせて図1～図4のように同じ重さのおもりをつり合わせました。ただし、おもり以外の物の重さは考えません。

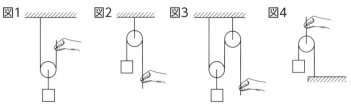

① 図1～図4で手でひもを引く力はおもりの重さの何倍ですか。

② 図1～図4を手でひもを引く力が大きい順に等号・不等号を使って並べなさい。

③ 図1～図4でおもりをある距離引き上げるときに手でひもを引く距離はある距離の何倍ですか。

④ 図1～図4をおもりをある距離引き上げるときに手でひもを引く距離が長い順に等号・不等号を使って並べなさい。

---

372 ア＝イ＝ウ＝オ＝カ＞エ

◆ポイント◆ ばねにかかる力の大きさを考えましょう。図3のばね以外はすべておもり1個分の重さがかかります。図3はおもりの半分の重さがかかります。

373 自然長が半分の長さになり、同じ重さのおもりをつるしたときのばねののびも半分になる。結果、同じ重さのおもりをつるしたときのばねの長さも半分になる。

374 ① 図1 $\frac{1}{2}$ 倍
　図2　1倍
　図3　$\frac{1}{2}$ 倍
　図4　2倍
② 図4＞図2＞図1＝図3
③ 図1　2倍
　図2　1倍
　図3　2倍
　図4　$\frac{1}{2}$ 倍
④ 図1＝図3＞図2＞図4

☒**375** 滑車を組み合わせて図1～図4のように同じ重さのおもりをつり合わせました。ただし，おもり以外の物の重さは考えません。

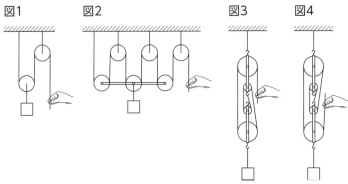

図1　図2　図3　図4

① 図1の手でひもを引く力はおもりの重さの$\frac{1}{2}$倍になります。図2～図4で手でひもを引く力はおもりの重さの何倍ですか。
② 図1～図4を手でひもを引く力が大きい順に等号・不等号を使って並べなさい。
③ 図1でおもりをある距離引き上げるときに手でひもを引く距離はある距離の2倍になります。図2～図4でおもりをある距離引き上げるときに手でひもを引く距離はある距離の何倍ですか。
④ 図1～図4をおもりをある距離引き上げるときに手でひもを引く距離が長い順に等号・不等号を使って並べなさい。

☒**376** 滑車を組み合わせて右図のようにおもりをつり合わせました。ただし，おもり以外の物の重さは考えません。
① 手で引く力と同じ大きさの力がかかっている部分をすべて選びなさい。
② 天井アにかかる力と同じ大きさの力がかかっている部分をすべて選びなさい。

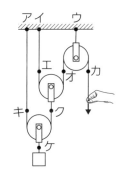

アイ　ウ　エ　オ　カ　キ　ク　ケ

375 ① 図2　$\frac{1}{6}$倍
　　　図3　$\frac{1}{4}$倍
　　　図4　$\frac{1}{5}$倍
② 図1＞図3＞図4＞図2
③ 図2　6倍
　　図3　4倍
　　図4　5倍
④ 図2＞図4＞図3＞図1

◆ポイント◆ 同じひもにかかる力はどこも等しくなります。

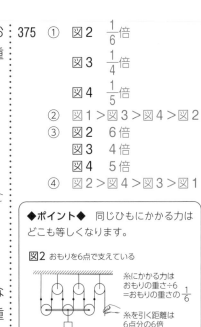

図2 おもりを6点で支えている
糸にかかる力はおもりの重さ÷6＝おもりの重さの$\frac{1}{6}$
糸を引く距離は6点分の6倍

図3 おもりを4点で支えている
糸を引く距離は4点分の4倍
糸にかかる力はおもりの重さ÷4＝おもりの重さの$\frac{1}{4}$

図4 おもりを5点で支えている
糸を引く距離は5点分の5倍
糸にかかる力はおもりの重さ÷5＝おもりの重さの$\frac{1}{5}$

376 ① イ・エ・オ・カ
② ウ・キ・ク

◆ポイント◆ 同じひもにかかる力はどこも等しくなります。

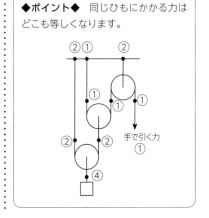

②① ② ① ① ② ② ④
手で引く力 ①

☒377 輪軸を使って図1～図3のようにおもりをつり合わせ
ました。

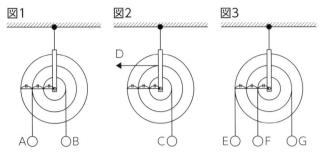

図1　図2　図3

① 図1でおもりBはおもりAの重さの何倍ですか。
② 図1でおもりBをある距離引き上げるには，おもり
Aを上下どちらにある距離の何倍引けばよいですか。
③ 図2でおもりCの重さはDで引く力の何倍ですか。
④ 図2でおもりCをある距離引き上げるには，Dをあ
る距離の何倍引けばよいですか。
⑤ 図3でおもりEとおもりFが同じ重さのとき，おも
りGはおもりEの重さの何倍ですか。
⑥ 図3でおもりFをある距離引き下げると，おもりE
とおもりGは上下どちらにある距離の何倍動きますか。

☒378 輪軸を利用した道具を4つあげなさい。

☒379 物体の密度の単位と密度を求める式を答えなさい。

☒380 水の密度について
① 水の密度はおよそいくつですか。
② 最も密度の大きい液体の水は何℃ですか。
③ 水が氷になると体積は何倍になりますか。

☒381 状態変化と密度について
① 氷が水になると密度は {大きくなり　小さくなり}
ます。
② ろうの固体が液体になると密度は {大きくなり　小
さくなり} ます。

377　① 2倍　② 下に2倍
③ 2倍　④ 2倍
⑤ 2倍
⑥ E 下に3倍
G 上に2倍

◆ポイント◆ Cは輪軸を時計回り，
Dは輪軸を反時計回りに回転させる力
がはたらいているため，図1と同じよ
うに考えることができます。
EとFのおもりの重さを①とすると，
下図のようになります。同じ角度動く
ため，動く距離は半径に比例します。

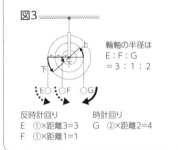

図3

輪軸の半径は
E：F：G
＝3：1：2

反時計回り　　時計回り
E ①×距離3＝3　G ②×距離2＝4
F ①×距離1＝1

378　ねじ回し（ドライバー），自動
車のハンドル，水道の蛇口，鉛
筆削り，自転車のペダル など

379　単位　g/cm³
式　密度＝重さ(g)÷体積(cm³)

380　① 1g/cm³　② 4℃
③ 1.1倍

◆ポイント◆ ③より，氷1gの体積は
1.1cm³であることから，氷の密度は1÷1.1
＝$\frac{10}{11}$＝0.909…(g/cm³)と求められます。

381　① 大きくなり
② 小さくなり

◆ポイント◆ 氷が水に浮くとき，沈
んでいる部分の体積は，水面から出てい
る部分の体積の10
倍あります。また，
浮いている氷がと
けても水位は変化
しません。

□382 いろいろな物質の密度について
① 金・銀・銅・アルミニウム・鉄を密度が大きい順に不等号を使って並べなさい。
② 水・アルコール・食塩水・水銀を密度が大きい順に不等号を使って並べなさい。

382 ① 金＞銀＞銅＞鉄＞アルミニウム
② 水銀＞食塩水＞水＞アルコール

参考

物質名	密度(g/㎤)	物質名	密度(g/㎤)
金	19.3	水銀	13.5
銀	10.5	飽和食塩水	1.2
銅	8.9	水	1
鉄	7.9	アルコール	0.8
アルミニウム	2.7		

□383 アルキメデスの原理（浮力）について
① アルキメデスの原理を説明しなさい。
② 図1のおもりはAgでB㎤です。このおもりにはたらく浮力が何gになるか説明しなさい。
③ 図1のおもりの密度は1g/㎤より{大きい 小さい}です。
④ 図2のおもりはCgでD㎤です。このおもりにはたらく浮力が何gになるか説明しなさい。
⑤ 図2のおもりの密度は1g/㎤より{大きい 小さい}です。

図1
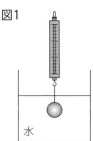
水

図2
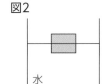
水

383 ① 液体中の物体はその物体がおしのけた液体の重さに等しい上向きの力である浮力を受ける。
② B㎤のおもりが水にすべて沈んでおり，おしのけられたB㎤の水の重さはBgなので，浮力はBgになる。
③ 大きい
④ Cgのおもりが浮力で水に浮いているため，浮力はCgになる。
⑤ 小さい

□384 図1と図2のように，同じ木片を水や食塩水に浮かべました。

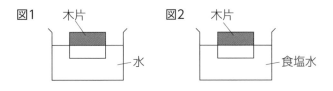
図1 木片 水
図2 木片 食塩水

① 木片の沈んでいる部分の体積は図1と図2のどちらが大きいですか。
② 上から押して木片をすべて沈めるために必要な力は図1と図2のどちらが大きいですか。
③ 木片にはたらいている浮力は図1と図2のどちらが大きいですか。

384 ① 図1
② 図2
③ 同じ。

◆ポイント◆ 木片を浮かべるためには，木片の重さと同じ大きさの浮力が必要です。ただし，食塩水の方が密度が大きいため，木片が浮きやすく，水面から出ている部分の体積は大きくなります。

☒385　下図のように，金と銀を混ぜてつくった1kgの王冠と1kgの純金をてんびんでつり合わせたあと，水の中に入れました。

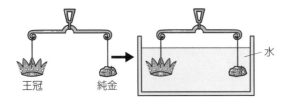

王冠　　　　純金　　　　　　　　　　　水

① 王冠と純金はどちらの体積が大きいですか。
② 王冠と純金にはたらく浮力はどちらが大きいですか。
③ 水に沈めるとてんびんの傾きはどうなりますか。

☒386　ふりこの周期について
① 調べ方を説明しなさい。
② ①のようにするのはなぜですか。
③ ふりこのおもりを重くすると周期はどうなりますか。
④ ふりこの等時性とはどんな性質ですか。
⑤ ④を発見したのは誰ですか。
⑥ ④を利用した道具を2つあげなさい。

☒387　下の表は，ふりこの長さと周期の関係を示しています。

ふり子の長さ (cm)	25	50	100	200	225	400
周期 (秒)	1.0	1.4	2.0	2.8	3.0	4.0

① ふりこの長さはどこからどこまでですか。
② ふりこの周期を4倍にするにはふりこの長さを何倍にすればよいですか。
③ ふりこの長さ（横軸）と周期（縦軸）の関係をグラフに表すと次のア〜ウのどれになりますか。

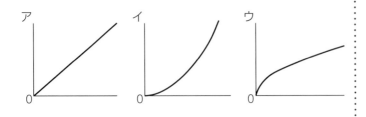

ア　　　　　　　イ　　　　　　　ウ

385　① 王冠
　　　② 王冠
　　　③ 右が下がる。

◆ポイント◆　382より，銀より金の方が密度が大きいため，同じ重さなら金の方が体積が小さくなります。よって，銀が混ざっている王冠の方が体積が大きいため，受ける浮力が大きくなります。

386　① ふりこが10往復する時間を測り，その値を10で割る。
　　　② 実験にともなう誤差の影響を小さくするため。
　　　③ 変わらない。
　　　④ ふりこの振れ幅によらず，周期が一定である。
　　　⑤ ガリレオ・ガリレイ
　　　⑥ ふりこ時計，メトロノーム

387　① ふりこの支点からおもりの重心まで。
　　　② 16倍
　　　③ ウ

◆ポイント◆　ふりこの長さが4（2×2）倍・9（3×3）倍・16（4×4）倍になると，周期は2倍・3倍・4倍になります。

⊠ **388** 下図のような途中で釘を打ったふりこについて

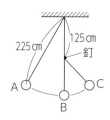

① C点の高さはA点と比べてどうなっていますか。
② 1往復，例えば" B→A→B→C→B "にかかる時間のうち，" B→A→B "と" B→C→B "にかかる時間をそれぞれ **387** の表の値を利用して求めなさい。
③ 1往復の時間は何秒になりますか。

388 ① 同じ高さ
② B→A→B 1.5秒
　 B→C→B 1.0秒
③ 2.5秒

⊠ **389** 下図のようにふりこを使ってねん土に釘を打ちこむ実験を行いました。釘がねん土に打ち込まれる長さを長くする方法を2つ答えなさい。

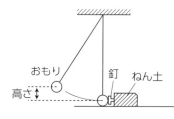

389 ・ふりこのおもりを重くする。
・高いところからおもりを放し，釘にぶつかるときの速さを速くする。

⊠ **390** 下図のようにふりこの長さが短いふりこと長いふりこを同じ角度で振らせました。

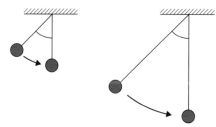

① 最下点でのおもりの速さはどちらの方が速いですか。
② ①の答えになるのはなぜですか。

390 ① 長いふりこの方が速い
② ふりこの長さが長い方がふりこを振らせ始めの位置と最下点の位置の落差（高さの差）が大きいから。

◆ポイント◆　下図のように高さを比べます。同じ角度であれば2つの形は相似なので，ふりこの長さが長い方が高さも高くなります。

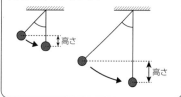

☒ **391** 下図のようにしておもりを転がしました。

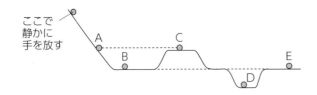

ここで
静かに
手を放す

①　A〜Eでの速さを速い順に等号・不等号を使って並べなさい。

②　①の答えになるのはなぜですか。

391 ①　D＞B＝E＞A＝C

②　おもりの速さは手を放した位置とその位置の落差（高さの差）が大きいほど速くなるから。

☒ **392** ピサの斜塔でのガリレオの落下の実験について

①　同じ大きさで同じ形の鉄の球と木の球を，同時に同じ高さから落としました。すると，2つの球は同時に地面に着きました。このことから分かることは何ですか。

②　ガリレオがこの実験を行ったのはなぜですか。

392 ①　落下する物体の速さは物体の重さとは関係がないこと。

②　当時，重い物ほど速く落下すると考えられており，この誤りを実験によって証明するため。

☒ **393** 2枚の折り紙の落下について

①　2枚の折り紙のうち1枚はそのまま，もう1枚は丸めて，同時に同じ高さから落としました。すると，丸めた折り紙の方が先に地面に着きました。これはなぜですか。

②　①の実験を真空中で行うと結果はどうなりますか。

393 ①　丸めた折り紙の方が空気とふれる表面積が小さく，空気抵抗を受けにくいから。

②　2枚の折り紙は同時に地面に着く。

☒ **394** 下図のようにしておもりを転がしました。

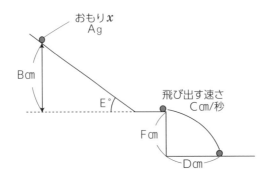

おもり*x*
A g

B cm

E°

飛び出す速さ
C cm/秒

F cm

D cm

①　Aを大きくすると，CとDはそれぞれどうなりますか。

②　Bを長くすると，CとDはそれぞれどうなりますか。

③　Bはそのままで Eを大きくすると，CとDはそれぞれどうなりますか。

④　Fを長くすると，CとDはそれぞれどうなりますか。

394 ①　C　変わらない
　　　　D　変わらない
②　C　速くなる
　　　　D　長くなる
③　C　変わらない
　　　　D　変わらない
④　C　変わらない
　　　　D　長くなる

◆**ポイント**◆　飛び出す速さ（C）は転がしはじめの高さ（B）によって決まります。飛ぶ距離（D）は飛び出す速さ（C）と落下にかかる時間（Fで変化する）によって決まります。

第2節　電磁気

☒395　豆電球について
① ガラス球の中は窒素やアルゴンが入っていたり真空になっていたりするのはなぜですか。
② フィラメントに電流が流れると発光するのはなぜですか。
③ 豆電球につないだ導線とフィラメントには同じ大きさの電流が流れていますが，フィラメントが特に熱くなるのはなぜですか。

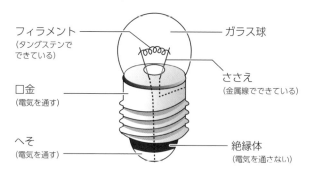

フィラメント
（タングステンでできている）
ガラス球
□金
（電気を通す）
ささえ
（金属線でできている）
へそ
（電気を通す）
絶縁体
（電気を通さない）

☒396　［例］の回路の電流を1としたとき，図1と図2の回路の電流を表しました。

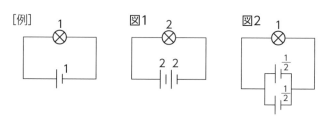

［例］　1　1
図1　2　2　2
図2　1　½　½

① 乾電池を直列につなぐと豆電球の明るさはどうなりますか。
② 乾電池を直列につなぐと乾電池の持ちはどうなりますか。
③ 乾電池を並列につなぐと豆電球の明るさはどうなりますか。
④ 乾電池を並列につなぐと乾電池の持ちはどうなりますか。

395　① 酸素を抜いて，フィラメントが燃焼するのを防ぐため。
② 発熱して一定温度より高くなると発光するから。
③ タングステンでできているフィラメントは導線に比べて電気抵抗が大きいから。

◆ポイント◆　アルゴンは空気中に約0.9％と3番目に多く含まれる（水蒸気を除く）気体で，ほかの物質ととても結びつきにくい性質があります。
　タングステンはほかに，熱に強いという特徴があります。

396　① 明るくなる
② 短くなる
③ 変わらない
④ 長持ちするようになる

◆ポイント◆　流れる電流の大きさを比べることで，豆電球の明るさや乾電池の持ちを比べることができます。

参　考

　電流の大きさを表す単位は A といいます。電流の大きさをはかる電流計の記号は Ⓐ で表し，下図のように回路に直列につなぎます。

一端子（黒色）
＋端子
（赤色）

☒397　図1と図2の豆電球の直列・並列つなぎについて

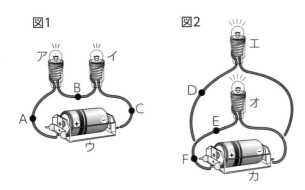

図1　　　　図2

① 　A～Cに流れる電流の大きさを等号・不等号を使って並べなさい。

② 　アの豆電球には 396 の [例] の回路と比べると半分の電流しか流れておらず，豆電球は暗く光っています。ウの乾電池に流れる電流はアの豆電球に流れる電流の何倍ですか。

③ 　イの豆電球をソケットから外すと，アの豆電球の明るさはどうなりますか。

④ 　D～Fに流れる電流の大きさを式で示しなさい。

⑤ 　エの豆電球には 396 の [例] の回路と同じ１の電流が流れています。カの乾電池に流れる電流はエの豆電球に流れる電流の何倍ですか。

⑥ 　オの豆電球をソケットから外すと，エの豆電球の明るさとカの乾電池の持ちはどうなりますか。

397　① 　A＝B＝C
　　② 　1倍
　　③ 　消える
　　④ 　D＋E＝F
　　⑤ 　2倍
　　⑥ 　エ　変わらない
　　　　カ　長持ちするようになる

☒398　図１の回路の電流を１とします。図２～図５の豆電球と乾電池，電流計に流れる電流はいくつですか。（整数または分数で答える）

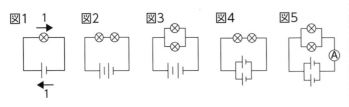

図1　1　　図2　　図3　　図4　　図5

398

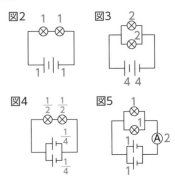

☒399　398 の図１～図５の中で最も明るく光る豆電球がある回路と最も長持ちする乾電池がある回路をそれぞれ選びなさい。

399　豆電球　図3
　　　乾電池　図4

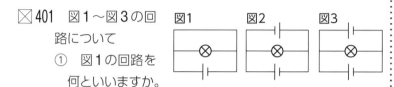

▢400　398の図1の回路の電流を1として，右図の回路の電流を考えます。
① Aに流れる電流はいくつですか。
② BとCに流れる電流はそれぞれいくつですか。
③ DとEに流れる電流はそれぞれいくつですか。
④ Cの豆電球をソケットから外すとどうなりますか。

▢401　図1～図3の回路について

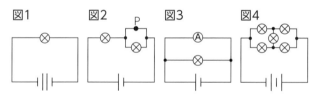

図1　　図2　　図3

① 図1の回路を何といいますか。
② 図1の豆電球や乾電池に流れる電流はどうなりますか。
③ 図2と図3のうち，①の回路になっているのはどちらですか。

▢402　398の図1の回路の電流を1とします。図1～図4の豆電球と乾電池，点P，電流計に流れる電流はそれぞれいくつですか。（整数または分数で答え，電流が流れない場合は0，ショートする場合は×で答える）

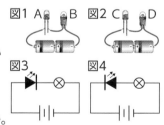

図1　　図2　　図3　　図4

▢403　図1・図2のようにLEDと豆電球を乾電池につなぎました。
① LEDとは何ですか。
② A～Dはそれぞれ光るかどうかを答えなさい。
③ 図1と図2を回路図にすると，図3と図4のどちらですか。

図1 A　B　図2 C　D
図3　　図4

▢404　金属の抵抗について
① 鉄・銅・アルミニウムの3つを，抵抗が小さい順に並べなさい。
② 電熱線には抵抗がA{大きい　小さい}ニッケルとクロムの合金である〔　B　〕が使われます。

---

400 ① 2
② B 1　C 1
③ D 3　E 3
④ Aは変わらず，Bは消える。D・Eに流れる電流は小さくなり，持ちが長くなる。

401 ① ショート回路
② 導線と比べ非常に抵抗の大きな豆電球にはほぼ電流が流れず，上の導線を通って乾電池に非常に大きな電流が流れる。
③ 図2

◆ポイント◆

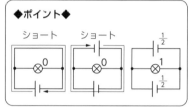

ショート　　ショート

402

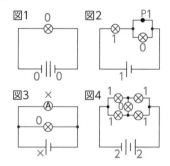

403 ① 発光ダイオード
② A　光る
　 B　光る
　 C　光らない
　 D　光らない
③ 図1　図3
　 図2　図4

404 ① 銅→アルミニウム→鉄
② A　大きい
　 B　ニクロム

☒ 405　電熱線を利用した道具を3つあげなさい。

☒ 406　電熱線の抵抗について
　　①　電熱線の長さが長くなると電流の流れやすさはどう
　　　　なりますか。
　　②　①のとき，電熱線の抵抗はどうなりますか。
　　③　電熱線の太さが太くなると電流の流れやすさはどう
　　　　なりますか。
　　④　③のとき，電熱線の抵抗はどうなりますか。

☒ 407　電熱線の発熱量について
　　①　電流が等しい場合，抵抗の大きい電熱線と小さい電
　　　　熱線ではどちらが発熱量が多いですか。
　　②　電流が異なる場合，電流の大きい電熱線と小さい電
　　　　熱線ではどちらが発熱量が多いですか。

☒ 408　図1と図2のように抵抗の大きい電熱線Aと抵抗の小さ
　　　　い電熱線Bをそれぞれ直列と並列につないで電流を流しま
　　　　した。

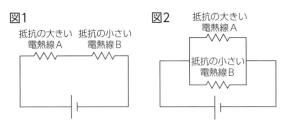

図1
抵抗の大きい　抵抗の小さい
電熱線A　電熱線B

図2
抵抗の大きい
電熱線A
抵抗の小さい
電熱線B

　　①　図1のAとBの電流を等号・不等号で表しなさい。
　　②　図1のAとBの発熱量を等号・不等号で表しなさい。
　　③　図2のAとBの電流を等号・不等号で表しなさい。
　　④　図2のAとBの発熱量を等号・不等号で表しなさい。

☒ 409　408の図1と図2について
　　①　図1と図2のそれぞれAとBの4つの電熱線につい
　　　　て，電流を等号・不等号で表しなさい。
　　②　図1と図2のそれぞれAとBの4つの電熱線につい
　　　　て，発熱量を等号・不等号で表しなさい。

405　アイロン，ドライヤー，
　　　ホットプレート　など

406　①　流れにくくなる
　　　②　大きくなる
　　　③　流れやすくなる
　　　④　小さくなる

407　①　抵抗の大きい電熱線
　　　②　電流の大きい電熱線

408　①　A＝B
　　　②　A＞B
　　　③　B＞A
　　　④　B＞A

409　①　図2のB＞図2のA＞
　　　　　図1のA＝図1のB
　　　②　図2のB＞図2のA＞
　　　　　図1のA＞図1のB

◆ポイント◆　電熱線の発熱量は電流
と抵抗を比べて考えます。直列つなぎ
では電流が等しいため，抵抗が大きい
方が発熱量が多くなります。並列つな
ぎなど電流が異なる場合は電流が大き
い方が発熱量が多くなります。

☒410 永久磁石について
　① 磁石につく物質を4つ答えなさい。
　② 方位磁針を北極で使うとS極はどちらを向きますか。

☒411 鋼鉄でできたぬい針を右図のように棒
　磁石のN極で矢印の向きに10回こすりま
　した。
　① ぬい針はどのような磁石になります
　　か。次のア～エから選びなさい。

　　　ア　　　　　イ　　　　　ウ　　　　　エ

　② 新しいぬい針を使って棒磁石のN極で矢印と反対の
　　向きに10回こするとどのような磁石になりますか。上
　　のア～エから選びなさい。

☒412 電流が流れている導線のまわりには磁力がはたらいてい
　ます。導線のまわりに方位磁針を置くと，図1のようにな
　ります。図2のようにして導線に電流を流すと，方位磁針
　の針はそれぞれどのような向きを向きますか。針をかいて
　示しなさい。

図1
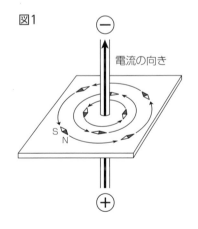
電流の向き

図2
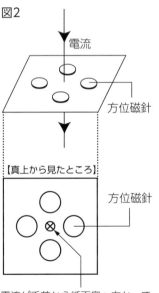
電流

方位磁針

【真上から見たところ】

方位磁針

電流が手前から紙面奥へ向かって
流れていることを示す記号

410　① 鉄，ニッケル，コバルト，
　　　鉄の黒さび　など
　　② 上の方を向く。

411　① ウ
　　② イ

◆ポイント◆　鋼鉄はN-Sを持った
小さな磁石がばらばらの向きで集まっ
たものと考えることができます。左図
のようにN極でこすることで，小さな
磁石のS極側が左側を向くように整列
し，ぬい針の左側はS極で右側がN極
の磁石になります。

412

◆ポイント◆　導線のまわりに生じる
磁力線は下図のようになります。

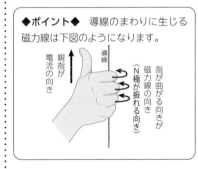
親指が
電流の向き
導線
指が曲がる向きが
磁力線の向き
（N極が振れる向き）

☒ **413** 右図のように導線の下に方位磁針を置いて電流を流しました。

① 導線のまわりの磁力線の向きは**ア**と**イ**のどちらですか。

② 方位磁針の**N**極の針の振れる向きは東・西のどちらですか。

③ ②のとき，**N**極の針は 90°回転するのではなく，斜めになって止まるのはなぜですか。

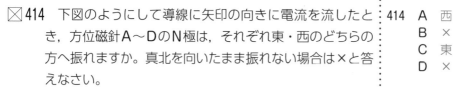
北
電流の向き
イ
ア

☒ **414** 下図のようにして導線に矢印の向きに電流を流したとき，方位磁針**A**～**D**の**N**極は，それぞれ東・西のどちらの方へ振れますか。真北を向いたまま振れない場合は×と答えなさい。

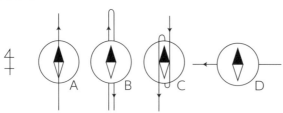
A B C D

☒ **415** 棒磁石のまわりに砂鉄をまくとどのような模様になりますか。次の**ア**～**エ**から選びなさい。

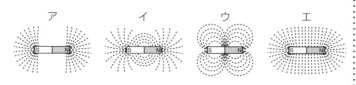
ア イ ウ エ

☒ **416** 図1は導線で輪をつくり電流を流したときの板の上にできる磁力線と方位磁針の向きを，図2は導線を何度も巻いたときの磁力線と方位磁針の向きを示しています。

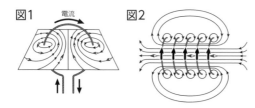
図1 電流 図2

① 導線を何度も巻いたものを何といいますか。

② 図2では左右どちらが**N**極になっていますか。

---

413 ① ア ② 東
③ 地球の磁力によって北向きにも引かれるから。

◆ポイント◆
地球は1個の大きな磁石として考えることができ，北極付近が**S**極，南極付近が**N**極になります。

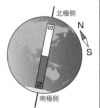
北極側
N
S
南極側

414 A 西
B ×
C 東
D ×

415 イ

◆ポイント◆ 永久磁石のまわりに生じる磁力線は下図のようになっています。

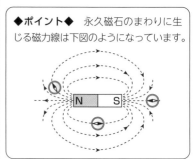
N S

416 ① コイル
② 左側

◆ポイント◆ コイルのまわりの磁力線は永久磁石のまわりの磁力線と同じようになっています。

⊠417　図1と図2で棒磁石や電流を流したコイルのまわりや中に置いた方位磁針A〜Gの針は、それぞれどちらを向きますか。針をかいて示しなさい。

図1

A　　N S　　C
　　　　　　　　B

図2

D　E　G　F
電流

417

A　　B　　C

D　　E　　F

G

⊠418　コイルに〔　①　〕でできた鉄心を入れたものを〔　②　〕といいます。〔　①　〕でなく鋼鉄でできた鉄心を使うと、電流を切った後も鉄心に〔　③　〕が残ってしまいます。

418　①　軟鉄
　　　②　電磁石
　　　③　磁力

⊠419　下図の電磁石の磁極ア〜クの中で、N極になっているところをすべて選びなさい。

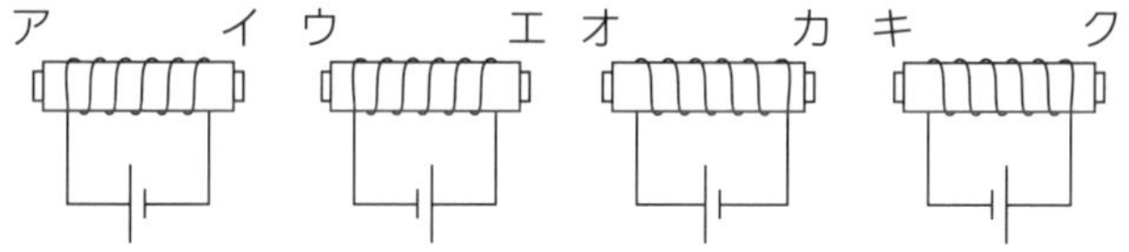

ア　イ　ウ　エ　オ　カ　キ　ク

419　ア・エ・カ・キ

◆ポイント◆　コイルや電磁石の磁極は下図のようになっています。

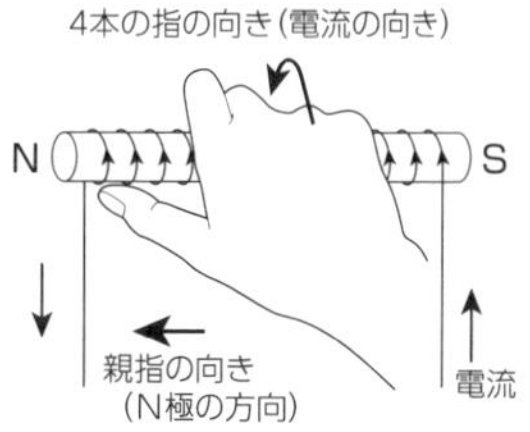

4本の指の向き（電流の向き）

N　　　　　　　　S

親指の向き　　　　電流
（N極の方向）

⊠420　右図のようにエナメル線を鉄くぎに巻いた電磁石をつくりました。
　　①　磁力が強いのは何回巻きの方ですか。
　　②　50回巻きについて、エナメル線をあまらせているのはなぜですか。

50回巻き　　100回巻き

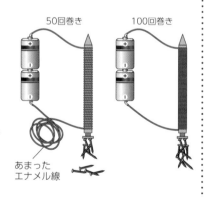

あまった
エナメル線

　　③　電磁石に使う導線には、銅線ではなく銅線に電気を通さないエナメルをぬったエナメル線を使うのはなぜですか。

420　①　100回巻き
　　　②　エナメル線の長さをそろえて抵抗を等しくし、流れる電流の大きさを同じにするため。
　　　③　導線同士が接触してショートするのを防ぐため。

⊠421　電磁石の磁力を強める方法を3つ答えなさい。

421　・流す電流を大きくする。
　　　・コイルの巻き数を増やす。
　　　・鉄心を太くする。

第3節　光・音

☒422　図1は光の3原色，図2は色の3原色を示しています。

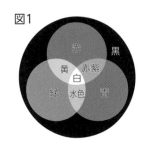
図1

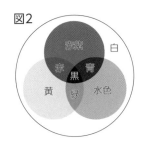
図2

① 合わせると白色の光になる3つの光の色は何ですか。

② 色の3原色の黄色は，何色の光を吸収し何色の光を反射しますか。

③ 色の3原色の赤紫色と水色を混ぜると青色になるのはなぜですか。

④ 色の3原色をすべて混ぜると黒くなるのはなぜですか。

☒423　赤い透明なシートは赤色の光だけを通します。赤い透明なシートを通して見たとき，赤・青・緑・黄・水色はそれぞれ何色に見えますか。

☒424　下図は三角プリズムに白色光を当てたときの様子です。①〜⑦に当てはまる光の色は何ですか。また，このように光が分かれるのはなぜですか。

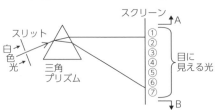

☒425　424のAの光は〔　①　〕といい，リモコンなどのセンサーなどに利用され，〔　②　〕をよく伝える性質があります。またBの光は〔　③　〕といい，〔　④　〕作用がありますが，人体にとって有害で皮膚がんや白内障の原因となります。太陽光に含まれる〔　③　〕は〔　⑤　〕層によって多くが吸収されています。

422　① 赤・青・緑

② 吸収　青
　　反射　赤・緑

③ 緑の光を吸収する赤紫と赤の光を吸収する水色を混ぜると，緑と赤の光を吸収するので，青の光だけが反射されるから。

④ すべての色の光を吸収するから。

423　赤　赤　青黒　緑黒
　　黄　赤　水色　黒

◆ポイント◆　黄色は赤と緑の光を反射するので，赤いシートで緑の光は吸収されて赤の光だけが目に届きます。水色は青と緑の光を反射するので，赤いシートで青と緑の光は吸収されて光は目に届かないので黒に見えます。

424　① 赤　② 橙　③ 黄
　　④ 緑　⑤ 青　⑥ 藍
　　⑦ 紫
理由　光の色によって屈折しやすさが異なり，赤の光の方が屈折しにくく紫の光の方が屈折しやすいから。

425　① 赤外線
② 放射熱
③ 紫外線
④ 殺菌
⑤ オゾン

☒**426** 右図のように虹は空
気中の水滴を通ってき
た太陽光が，さまざま
な色に分かれることで
できます。この虹の外
側と内側は，それぞれ
何色に見えますか。

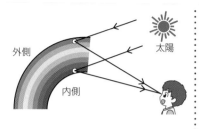

外側

太陽

内側

426 外側　赤
　　　内側　紫

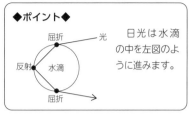

◆ポイント◆

屈折　　　光

反射　　水滴

屈折

日光は水滴
の中を左図の
ように進みます。

☒**427** 日中青空が見え，朝夕に朝焼け・夕焼けが見えるのは，
〔　①　〕色の光より〔　②　〕色の光の方が空気中で
〔　③　〕しやすいためです。

427　①　赤
　　　②　青
　　　③　散乱

☒**428** 真空中における光の伝わる速さは〔　①　〕です。こ
れは1秒間に地球を〔　②　〕周する速さです。

428　①　毎秒30万km
　　　②　7.5

☒**429** 昼間地面に棒を立てると棒の影ができるのは，光の何
という性質（進み方）によるものですか。

429　直進

☒**430** 点光源から出た光は，図1のように広がって進みます。
光源からの距離と光の当たる面積，面の明るさの関係を
図2の表にまとめました。

430　①　40㎝
　　　②　$\frac{1}{2}$倍

◆ポイント◆　距離が2倍になると光
があたる面積が4（2×2）倍，明るさ
は$\frac{1}{4}$倍になります。

図1

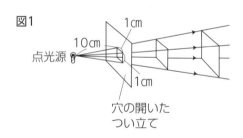

1㎝

10㎝

点光源

1㎝

穴の開いた
つい立て

図2

距離（cm）	10	20	30
面積（c㎡）	1	4	9
明るさ （つい立ての位置での明るさを1とする）	1	$\frac{1}{4}$	$\frac{1}{9}$

①　光が当たる面積を16c㎡にするには距離を何㎝にすれ
ばよいですか。
②　面の明るさを4倍にするには光源からの距離を何倍
にすればよいですか。

☒431　下図のような矢印にピンホールカメラを向けると，スクリーンに像をうつすことができます。内箱のうしろからのぞいたときの，矢印の見え方を作図しなさい。

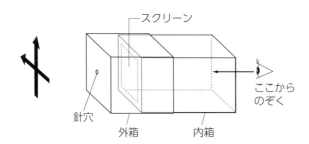

431

431

◆ポイント◆　下図のようになります。のぞく向きに注意をしましょう。

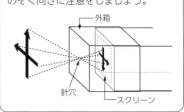

☒432　下図のピンホールカメラで，あとの①〜④のようにすると，内箱のスクリーンにうつる像はどのように変わりますか。

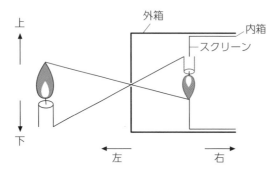

① ろうそくを上に動かす。
② ろうそくを右に動かす。
③ 外箱を押さえておいて，内箱を右へ引き出す。
④ 外箱の穴を少し大きくする。

432　① 像は下に動く。
② 像は大きくなる。
③ 像は暗く大きくなる。
④ 像の大きさは変わらないがぼやける。

◆ポイント◆　ろうそくを右に動かすと下図のように像が大きくなります。

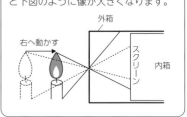

☒433　図１〜図３で，正しい光の進み方をそれぞれ選びなさい。

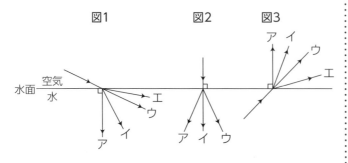

433　図１　イ　　図２　イ
図３　エ

◆ポイント◆　空気中に比べて水中では光が進みにくいため，下図のように角度が小さくなります。

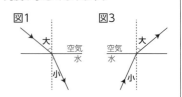

☒434 図1のようにコップにコインを入れて斜め上からのぞくとコインが見えませんでしたが，図2のようにコップに水を入れるとコインが浮き上がって見えるようになりました。このときのコインのXから目に届く光の道すじを作図しなさい。

434

図1

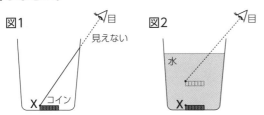

図2

☒435 右図のように矢印を鏡にうつして見た様子を作図しなさい。

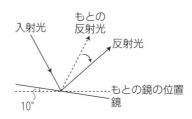

矢印　鏡

435

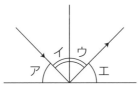

☒436 右図のア〜エのうち，入射角は〔 ① 〕の角，反射角は〔 ② 〕の角で，入射角＝反射角となります。

436　① イ
　　　② ウ

☒437 右図のように鏡を10度回転させると，反射光の進む方向は何度ずれますか。

入射光　もとの反射光　反射光　もとの鏡の位置　鏡　10°

437　20度

☒438 図1と図2のように点Aと点Bから鏡に向かって放った光は，壁のどの部分に当たりますか。光の道すじを線で，壁に当たる部分を点で作図しなさい。

438

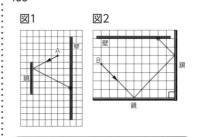

図1

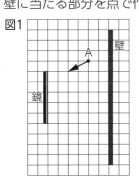

図2

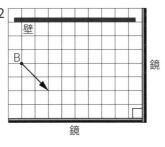

◆ポイント◆ 入射角と反射角が等しくなるように，マス目の交点とずれないように線を引いて作図しましょう。

⊠ **439** 身長140㎝の人が，自分自身の全身を鏡にうつして見る場合

① 鏡の高さは最低何㎝必要ですか。

② 鏡からの距離がはじめの2倍まで遠ざかると，必要な鏡の高さは何倍になりますか。

439 ① 70㎝
② 1倍

⊠ **440** 図1のように鏡の前にA君が立っています。A君から見て，鏡にうつって見える範囲を作図して表しなさい。

また，図2のように鏡の前にりんごが置いてあり，A君が鏡を向いて立ち，鏡にうつったりんごを見ています。このとき，りんごの鏡像を●で示し，りんごから出た光がA君に届くまでの道すじを作図しなさい。

440

 図1 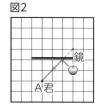 図2

◆ポイント◆ 鏡像は鏡に対して線対称の位置に作図をしましょう。線対称は距離が等しいこと，実物と鏡像を結んだ線が鏡の面と垂直になっていることが条件です。

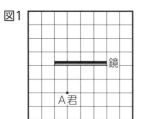 図1 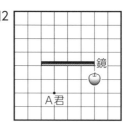 図2

⊠ **441** 右図のように2枚の鏡を直角に組み合わせると入射光と反射光が必ず〔 ① 〕になります。この性質を利用したものに〔 ② 〕があります。

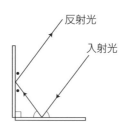

441 ① 平行
② 自転車や道路の反射板

⊠ **442** 図1のアのような人形を図2のように合わせ鏡の角度を90度にして置いたところ，3つの像ができました。

① 図2の像1～像3はそれぞれ図1のア・イのどちらのように見えますか。

② 合わせ鏡の角度とできる像の数の関係を式に表しなさい。

③ 合わせ鏡の角度を60度にしたときのできる像の数はいくつですか。

442 ① 像1 イ
像2 ア
像3 イ
② 像の数＝
360度÷合わせ鏡の角度－1
③ 5つ

◆ポイント◆ 鏡にうつる人形が持つ風船の位置は下図のようになります。

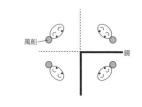

図1

ア イ

図2

像2 像3

像1 人形

☒443 直角プリズムに図1・図2
のように差し込んだ光は,
その後どのように進みます
か。作図して答えなさい。

図1　図2

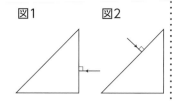

443

図1　図2

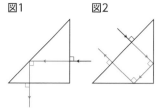

☒444 図1と図2は，小さい音と大きい音をオシロスコープ
を使って音波として示したものです。

図1

↕振幅

▲小さい音のオシロスコープの波形

図2

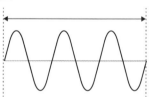
↕振幅

▲大きい音のオシロスコープの波形

① 小さい音と大きい音の音波を比べると，何がどのよ
うに異なりますか。
② 太鼓を叩くとき，大きな音を出すにはどうすればよ
いですか。
③ ②の方法で大きな音が出るのはなぜですか。

444 ① 大きい音の方が振幅が大
きい。
② 太鼓を強く叩く。
③ 太鼓の膜の振幅が大きく
なるから。

☒445 図1と図2は低い音と高い音をオシロスコープを使っ
て音波として示したものです。

図1

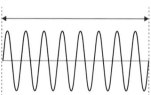

▲低い音のオシロスコープの波形

図2

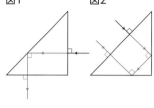

▲高い音のオシロスコープの波形

① 図1と図2の矢印で示された範囲の波の数は，それ
ぞれいくつですか。
② 低い音と高い音の音波を比べると，何がどのように
異なりますか。
③ モノコードで音を高くする方法を3つ答えなさい。

445 ① 図1　3
図2　8
② 高い音の方が振動数が多
い。
③ ・弦を細くする。
・弦を短くする。
・おもりを増やし弦を強
く張る。

◆ポイント◆ 振動数の単位はHz（ヘルツ）と
いい，1秒間に振動する数を表します。
人間の耳に聞こえる音の高さは約20Hz
〜20000Hzで，20000Hzを超える
高さの音は超音波と呼ばれます。超音
波は魚群探知機や胎児のエコー検査な
どに利用されています。

☒446 木琴やリコーダーについて
　①　木琴はどこを叩くと低い音が出ますか。
　②　①の答えになるのはなぜですか。
　③　リコーダーはどうすると低い音が出ますか。
　④　③の答えになるのはなぜですか。

446 ①　左側の長い板を叩く。
　②　振動する木の長さが長く，振動数が少なくなるから。
　③　音孔（穴の部分）を指で押さえて吹く。
　④　振動する空気の長さが長く，振動数が少なくなるから。

☒447 図1と図2のように音を出しました。

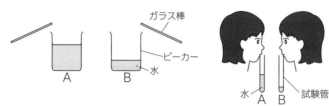

図1　ガラス棒で叩く　　図2　ふえのように吹く

　①　それぞれ何が振動して音が出ていますか。
　②　それぞれ高い音が出るのはA・Bのどちらですか。
　③　②の答えになるのはそれぞれなぜですか。

447 ①　図1　ビーカー
　　　図2　試験管の中の空気
　②　図1　B
　　　図2　A
　③　図1　水の重さが軽く，ビーカーの振動数が多くなるから。
　　　図2　振動する空気が短く，振動数が多くなるから。

☒448 糸電話の糸を指でつまむと音が〔　①　〕なります。
　　また糸電話の糸を針金にすると音が〔　②　〕なります。

448 ①　聞こえにくく
　②　はっきり聞こえるように

☒449 真空鈴の実験について

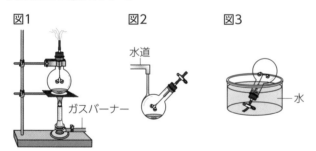

図1　　　　図2　　　　図3

　①　図1のようにして熱し，〔　ア　〕でフラスコ内の〔　イ　〕を追い出す。
　②　①のあと，ピンチコックをして図2のようにして冷やすと，〔　ウ　〕が〔　エ　〕にもどり，フラスコ内の水面より上の部分が〔　オ　〕に近い状態になる。その状態でフラスコを振ると，鈴の音が〔　カ　〕。
　③　②のあと，図3のようにしてピンチコックをはずすとどうなりますか。

449 ①　ア　水蒸気　　イ　空気
　②　ウ　水蒸気　　エ　水
　　　オ　真空
　　　カ　聞こえない
　③　フラスコの中に水が勢いよく入ってくる。

⊠450　気温が15℃のとき, 音が空気中を伝わる速さは〔　①　〕で, 気温が〔　②　〕ほど速くなります。また音が伝わる速さは, 〔　③　〕しやすい④{固体　液体　気体}の中が最も速くなります。

450　① 毎秒 340 m
　　② 高い
　　③ 振動
　　④ 固体

◆ポイント◆　気温が +1℃ごとに音の速さは毎秒 0.6 m ずつ速くなります。

⊠451　花火が見えてから音が聞こえるのに少し遅れが生じるのはなぜですか。

451　光の進む速さに比べて音の伝わる速さが遅いから。

⊠452　救急車が近づいてくるとき, 止まっているときに比べて空気中を伝わる音の速さは①{速くなり　遅くなり　変わらず}, 1秒あたりの振動数が②{多く　少なく}なるので, サイレンの音が③{高い　低い}音に聞こえます。このような現象を〔　④　〕といいます。

452　① 変わらず
　　② 多く
　　③ 高い
　　④ ドップラー効果

⊠453　図1と図2のフルートとバイオリンの音波を比べると, 〔　①　〕がほぼ同じなので音の大きさもほぼ等しく, 〔　②　〕もほぼ同じなので音の高さもほぼ同じです。しかし, 波形が異なるため2つの音は〔　③　〕が違って聞こえます。

453　① 振幅
　　② 振動数
　　③ 音色

図1

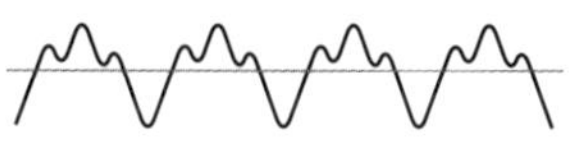

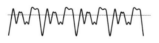

▲フルートのオシロスコープの波形

図2

▲バイオリンのオシロスコープの波形

◆ポイント◆　同じ形にもどるまでが1つの波であり, 図1と図2はどちらも同じ数の波がかかれています。

図1

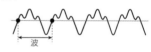

図2

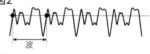

生 物 編

第1節　人体

☑454　図1と図2はそれぞれヒトの器官を示しています。

① 　背側から見た様子は図1と図2のどちらですか。

② 　図1のA～Oの名前を答え，それらが図2のア～ソのどれに当たるかを答えなさい。

図1

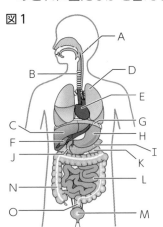

図2

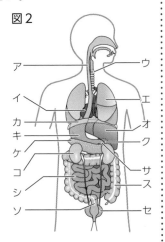

☑455　①～⑭の器官の名前を答え，それらが454の図1のA～Oのどれに当たるかを答えなさい。

① 　全身に血液を送り出すポンプのはたらきをする。

② 　この筋肉の膜がけいれんすることでしゃっくりが起こる。

③ 　空気中の酸素を体内に取り入れ,二酸化炭素を体外に出す。

④ 　体の中で最も大きな器官である。

⑤ 　血液から不要物をこし出し，尿をつくる。

⑥ 　⑤でつくられた尿をためておく。

⑦ 　④でつくられた胆汁をためておく。

⑧ 　でんぷん・たんぱく質・脂肪を消化するすい液をつくる。

⑨ 　⑦や⑧と管でつながっており,胆汁とすい液が出される。

⑩ 　水分や消化された養分を吸収する。

⑪ 　⑩で吸収しきれなかった水分を吸収し便をつくる。

⑫ 　食べた物が数時間たくわえられ,消化液でどろどろになる。

⑬ 　腰のあたりの背側にあり，握りこぶし大で左右1個ずつある。

⑭ 　アルコールや有害物質を分解する。

---

454 ① 図2

②

図1	名前	図2
A	食道	ア
B	気管	ウ
C	肝臓	オ
D	肺	エ
E	心臓	イ
F	胆のう	ク
G	横隔膜	カ
H	胃	キ
I	すい臓	ケ
J	十二指腸	サ
K	腎臓	コ
L	小腸	シ
M	ぼうこう	セ
N	大腸	ス
O	直腸	ソ

455
① 　心臓・E
② 　横隔膜・G
③ 　肺・D
④ 　肝臓・C
⑤ 　腎臓・K
⑥ 　ぼうこう・M
⑦ 　胆のう・F
⑧ 　すい臓・I
⑨ 　十二指腸・J
⑩ 　小腸・L
⑪ 　大腸・N
⑫ 　胃・H
⑬ 　腎臓・K
⑭ 　肝臓・C

☒ **456** 下の表の①～④に当てはまる数や言葉を答えなさい。

	吸気（吸う息）	呼気（吐く息）
窒素	78%	①%
酸素	21%	②%
二酸化炭素	0.04%	③%
④	空気中と同じ	空気中より多い

456 ① 78
② 16（17）
③ 4
④ 水蒸気

☒ **457** 右図の実験器具を使って，吸気と呼気に含まれる二酸化炭素について調べます。①～④の結果はどうなりますか。
① Ａを口でくわえ息を吐く。
② Ａを口でくわえ息を吸う。
③ Ｂを口でくわえ息を吐く。
④ Ｂを口でくわえ息を吸う。

石灰水

457 ① 呼気が石灰水を通り，石灰水が白くにごることから，呼気に二酸化炭素が多く含まれることが分かる。
② 石灰水が口の中に入ってくるので，決して行ってはならない。
③ 吐いた息に押されて石灰水がＡから噴き出るので，決して行ってはならない。
④ 吸った空気の分Ａから吸気（空気）が入って石灰水を通るが，石灰水が白くにごらないので，吸気に二酸化炭素がほとんど含まれないことが分かる。

☒ **458** 1分間の呼吸数について
① 大人の安静時の呼吸数はどのくらいですか。
② 子どもの呼吸数は①と比べてどうなっていますか。
③ 安静時と比べて運動をすると呼吸数が増えるのはなぜですか。

458 ① 12～20回
② 多い
③ 運動に必要なエネルギーを得るために酸素が多く必要だから。

☒ **459** 右図は呼吸運動のしくみを調べる実験の装置です。
① 糸を下に引くと風船はどうなりますか。
② ①の答えになるのはなぜですか。
③ 風船とゴム膜はヒトの体のどの部分を表していますか。

ガラス容器
風船
ゴム膜
糸

459 ① ふくらむ
② ガラス容器の中の気圧が下がり，風船を外から押す力が弱まるから。
③ 風船 肺 ゴム膜 横隔膜

◆ポイント◆

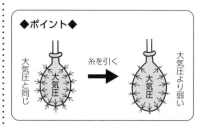

☒ **460** 呼吸運動において，息を吸うとき肋骨は①{上がり 下がり}，横隔膜は②{上がる 下がる}。

460 ① 上がり
② 下がる

⊠**461**　下図はヒトの呼吸器を示しています。

① 　A～Cの名前を答えなさい。

② 　肺の中で見られる数億個に分かれる小さな袋のようなつくりを何といいますか。

③ 　②のようなつくりになっている利点は何ですか。

④ 　図の○と●はそれぞれ何という気体を示していますか。

⑤ 　XとYのうち，酸素を多く含む血液が流れているのはどちらですか。

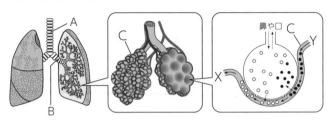

461　① 　A　気管
　　　　　B　気管支
　　　　　C　毛細血管
　② 　肺胞
　③ 　肺の表面積が大きくなり，酸素と二酸化炭素の交換の効率がよくなる点。
　④ 　○　酸素
　　　　　●　二酸化炭素
　⑤ 　X

◆**ポイント**◆　呼吸には外呼吸と内呼吸があり，肺で酸素を取り込み，二酸化炭素を放出することを外呼吸といい，細胞に酸素を取り入れ，二酸化炭素を出すことを内呼吸（細胞呼吸）といいます。

⊠**462**　生き物が酸素を体内に取り入れ，二酸化炭素を体外へ放出するはたらきを外呼吸といいます。次のA～Dの生き物はどこで外呼吸をしていますか。

A．ヒト　　B．セミ　　C．メダカ　　D．ミミズ

462　A　肺
　　　　B　気管
　　　　C　えら
　　　　D　皮ふ

⊠**463**　消化管と消化器官について

① 　下図のA～Mから消化管を選び，食べ物の通る順に並べ，部分の名前と合わせて答えなさい。

② 　下図のA～Mから消化管ではないが消化器官である部分を選び，部分の名前と合わせて答えなさい。

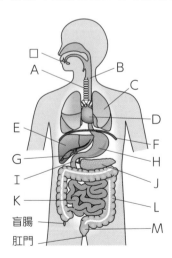

463　① 　□
　　　　　→B 食道
　　　　　→H 胃
　　　　　→Ⅰ 十二指腸
　　　　　→K 小腸
　　　　　→L 大腸
　　　　　→M 直腸
　　　　　→肛門
　② 　E 肝臓
　　　　G 胆のう
　　　　J すい臓

◆**ポイント**◆　消化管は"くだ"なので"管"，消化器官はある役割を行う部分なので"器官"です。漢字間違いが多いので注意しましょう。草食動物の盲腸は大きく発達しており，植物の消化に関わっています。Fは横隔膜です。

464　でんぷんの消化について

①　でんぷんを多く含む食品にはどのようなものがありますか。

②　下図のAとBに当てはまる言葉を答えなさい。

③　でんぷんとBは下図のように粒の大きさが異なります。でんぷんを消化するのはなぜですか。

④　Bは体内でどのように利用されますか。

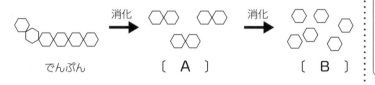

464
①　米・パン・めん類・いも類　など
②　A　麦芽糖
　　　B　ブドウ糖
③　血液で運べるよう水に溶ける形にするため。
④　細胞呼吸でエネルギーを得るための材料になる。

◆ポイント◆　細胞呼吸は以下の式で表されます。

$$酸素＋ブドウ糖 \longrightarrow 二酸化炭素＋水$$
$$活動のエネルギー$$

465　たんぱく質の消化について

①　たんぱく質を多く含む食品にはどのようなものがありますか。

②　下図のAとBに当てはまる言葉を答えなさい。

③　Bは体内でどのように利用されますか。

465
①　肉・魚・卵・ダイズ・乳製品　など
②　A　ペプトン
　　　B　アミノ酸
③　血液や筋肉などをつくる材料になる。

◆ポイント◆　ヒトのからだは，水分が約63％，たんぱく質が約16％，脂肪が約15％でできています。

466　脂肪の消化について

①　脂肪を多く含む食品にはどのようなものがありますか。

②　下図のAとBに当てはまる言葉を答えなさい。

③　AやBは体内でどのように利用されますか。

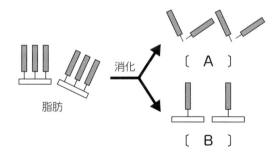

466
①　肉の脂身・食用油・バター・マーガリン・マヨネーズ　など
②　A　脂肪酸
　　　B　モノグリセリド
③　皮ふの下などにたくわえられ，エネルギーのもとになる。

◆ポイント◆　脂肪は脂肪酸（■）とグリセリン（▭）が結びついてできたものであり，モノグリセリドはグリセリンに脂肪酸が1つ結びついたものです。モノはギリシャ語で「1つの」を意味する言葉です。

☒ 467 次の消化液について，でんぷん・たんぱく質・脂肪のうち，消化するものには〇，しないものには×，消化はしないが消化を助けるものには△を書きなさい。また，その消化液がつくられる部分とはたらく部分を答えなさい。

	でんぷん	たんぱく質	脂肪	つくられる部分	はたらく部分
だ液					
胃液					
胆汁					
すい液					
腸液					

467

	でんぷん	たんぱく質	脂肪	つくられる部分	はたらく部分
だ液	〇	×	×	だ液腺	□
胃液	×	〇	×	胃	胃
胆汁	×	×	△	肝臓	十二指腸
すい液	〇	〇	〇	すい臓	十二指腸
腸液	〇	〇	×	小腸	小腸

◆ポイント◆ 胆汁は肝臓でつくられ，胆のうでたくわえられ，十二指腸ではたらきます。消化酵素を持たないため直接消化を行うわけではありませんが，脂肪を水となじみやすくし，すい液が脂肪を消化するのを助けるはたらきがあります。

☒ 468 いろいろな消化液について
① ご飯を噛めば噛むほど甘くなるのはなぜですか。
② 胃液に含まれる塩酸の役割は何ですか。
③ 胆汁の役割は何ですか。
④ すい液は酸性・中性・アルカリ性のどれですか。

468
① ご飯に含まれるでんぷんがだ液で消化され麦芽糖になるから。
② 殺菌と，酸による胃液に含まれる消化酵素の活性化。
③ 脂肪を水となじみやすくし，すい液で消化されやすくする。
④ アルカリ性

◆ポイント◆ 胃は粘膜におおわれており，胃液によって胃が傷つかないようになっています。また，十二指腸はアルカリ性の胆汁やすい液が出て，胃液の酸を打ち消しています。

☒ 469 消化酵素について
① 消化酵素の役割は何ですか。
② だ液に含まれる消化酵素は何ですか。
③ 胃液に含まれる消化酵素は何ですか。
④ 消化酵素は何でできていますか。
⑤ 消化酵素を加熱するとどうなりますか。
⑥ 消化酵素を冷やすとどうなりますか。

469
① 栄養素を分解し，吸収されやすい物質に消化する触媒のはたらき。
② だ液アミラーゼ（プチアリン）
③ ペプシン
④ たんぱく質
⑤ 構造が変化してはたらきを失い，もとの温度に戻してもはたらかない。
⑥ はたらかなくなるが，もとの温度に戻すと再びはたらく。

☒470 でんぷんや糖の検出

① でんぷんの検出に使う〔 A 〕液は〔 B 〕色で，でんぷんに加えると〔 C 〕色になります。

② 糖の検出に使う〔 D 〕液は〔 E 〕色で，糖に加えて加熱すると〔 F 〕色の沈殿ができます。

470 ①　A　ヨウ素
　　　　B　茶褐
　　　　C　青紫
　　②　D　ベネジクト（フェーリング）
　　　　E　水（青）
　　　　F　赤褐

☒471 だ液に含まれる消化酵素は体温付近でよくはたらきます。下図のように3本の試験管に水とでんぷんとだ液を入れて，温度を変えたあと，ヨウ素液を入れるとAとCは茶褐色，Bは青紫色になりました。

① A～Cのうち，消化酵素がはたらいたものをすべて選びなさい。

② でんぷんがだ液のはたらきによるものであることを確かめるために，ほかにどのような実験を追加し，A～Cのどの結果と比べればよいですか。

③ ②のような，特定の条件が結果におよぼす影響を調べるため，本実験とは別に特定の条件だけを変えて行う実験を何といいますか。

④ Bの結果について説明しなさい。

⑤ Cの結果について説明しなさい。

471 ①　A・C
　　②　水とでんぷんだけを入れた試験管を40℃に保ち，ヨウ素液を加えて青紫色になることを確認する。この結果をAと比べればよい。
　　③　対照実験
　　④　だ液は一度高温にすると，でんぷんを分解するはたらきが失われる。
　　⑤　だ液は一度低温にしても，でんぷんを分解するはたらきは失われない。

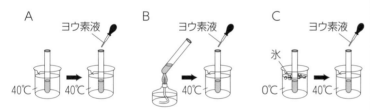

A　ヨウ素液　　B　ヨウ素液　　C　ヨウ素液

40℃ → 40℃　　　40℃　　氷　0℃ → 40℃

☒472 下図は小腸のつくりを示しています。

① 下図に見られる細かい毛のような部分を何といいますか。

② ①のようなつくりになっている利点は何ですか。

472 ①　柔突起（柔毛）
　　②　小腸の表面積が大きくなり，栄養分の吸収の効率がよくなる点。

◆ポイント◆　消化によって小さくなった栄養素が小腸の壁を通り抜けて吸収されます。ブドウ糖とアミノ酸は毛細血管（血液）で，脂肪酸とモノグリセリドはリンパ管（リンパ液）で運ばれます。

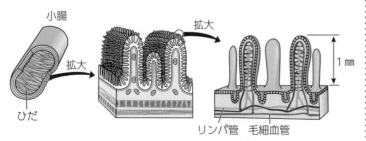

小腸　　拡大　　1mm

拡大

ひだ　　リンパ管　毛細血管

☒473　図1と図2のようにしてしばらく置いたのち，セロハンの中の液（A）とビーカーの中の液（B）をとり出して，ヨウ素でんぷん反応とベネジクト反応を調べました。

① 反応して色が変わる場合を○，反応しない場合を×として，結果を表にまとめなさい。

② この実験から分かることは何ですか。

③ この実験は人体のどの部分のしくみを調べたものですか。

図1

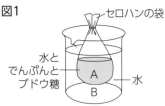

図2

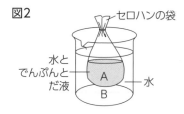

図1	A	B
ヨウ素でんぷん反応		
ベネジクト反応		

図2	A	B
ヨウ素でんぷん反応		
ベネジクト反応		

473　①

図1	A	B
ヨウ素でんぷん反応	○	×
ベネジクト反応	○	○

図2	A	B
ヨウ素でんぷん反応	×	×
ベネジクト反応	○	○

② 糖は粒が小さくセロハンの穴を通ることができるが，でんぷんは粒が大きくセロハンの穴を通ることができない。

③ 小腸

☒474　小腸の柔突起で吸収される栄養分のうち，〔 ① 〕と〔 ② 〕は毛細血管で，〔 ③ 〕と〔 ④ 〕はリンパ管に吸収されます。〔 ① 〕と〔 ② 〕は〔 ⑤ 〕を通って肝臓に運ばれます。肝臓で〔 ① 〕は〔 ⑥ 〕としてたくわえられます。

474　① ブドウ糖
② アミノ酸
③ 脂肪酸
④ モノグリセリド
　（③・④は順不同）
⑤ 門脈
⑥ グリコーゲン

☒475　活動のためのエネルギーは酸素とブドウ糖によって，細胞呼吸でつくられます。ずっと細胞呼吸を行うために，酸素は外呼吸により空気中から絶えず供給されています。ずっと食事を続けることができない私たちはどのようなしくみでブドウ糖を細胞に供給し続けていますか。

475　肝臓にたくわえているグリコーゲンを必要な分だけブドウ糖に戻し，血中糖濃度を一定に保つことで全身の細胞に供給している。

☒476　でんぷん・たんぱく質・脂肪の三大栄養素に加え，鉄分・カルシウム・ナトリウムなどの無機養分を〔 ① 〕，これら以外の栄養素を〔 ② 〕といい，合わせて五大栄養素といいます。

476　① ミネラル
② ビタミン

☒477　血液には，栄養分や酸素，二酸化炭素や不要物を運ぶなどのはたらきがあり，体重の約〔 ① 〕を占めます。新しい血液がつくられる場所は〔 ② 〕です。

477　① $\dfrac{1}{13}$　② 骨髄

☒478 右図は血液の4つの成分を示しています。
① A〜Dのそれぞれの名前と役割を答えなさい。
② Aに含まれる色素の名前は何ですか。

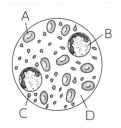

478 ① A 赤血球・酸素を運ぶ。
B 白血球・細菌を殺す。
C 血小板・傷口の血液を固める。
D 血しょう・栄養分や不要物などを運ぶ。
② ヘモグロビン

☒479 血液の種類について
酸素を多く含み〔 ① 〕色の血液を〔 ② 〕,二酸化炭素を多く含み〔 ③ 〕色の血液を〔 ④ 〕といいます。

479 ① 鮮やかな赤
② 動脈血
③ 赤黒い
④ 静脈血

☒480 血管の種類について
心臓から出る血管を〔 ① 〕,心臓へ戻る血管を〔 ② 〕といい,〔 ② 〕には血液の逆流を防ぐ〔 ③ 〕があります。また体の細部で壁が薄く細くなっている血管を〔 ④ 〕といいます。

480 ① 動脈
② 静脈
③ 弁
④ 毛細血管

☒481 下図は正面から見たヒトの心臓のつくりを示しています。
① A〜Dの部屋の名前はそれぞれ何ですか。
② A〜Dのうち筋肉が最も厚くなっているのはどこですか。
③ ②のようになっているのはなぜですか。
④ Aの部屋が収縮するとき,同時に収縮するのはB〜Dのどれですか。
⑤ ア〜エの血管の名前はそれぞれ何ですか。
⑥ 血液が流れる順番を,アから順に並べなさい。

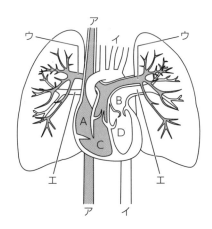

481 ① A 右心房
B 左心房
C 右心室
D 左心室
② D
③ 全身に血液を強い力で送り出すため。
④ B
⑤ ア 大静脈
イ 大動脈
ウ 肺動脈
エ 肺静脈
⑥ ア→A→C→ウ→エ→B→D→イ

◆ポイント◆ 血液の流れる方向は弁を見ると分かります。

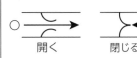

開く　　　　閉じる

482 ふつう動脈に動脈血が流れ，静脈に静脈血が流れていますが，そうではない部分もあります。
① 動脈血が流れる静脈の名前を答えなさい。
② 静脈血が流れる動脈の名前を答えなさい。

482 ① 肺静脈
② 肺動脈

483 心臓の動きについて
① 心臓をつくる筋肉を何といいますか。
② ①が縮んだり緩んだりする動きを何といいますか。
③ ②が血管を伝わり，手首などで感じる動きを何といいますか。
④ ③は手首以外にどこに指を当てると感じますか。
⑤ 大人の安静時における1分間の③の数はどのぐらいですか。
⑥ 安静時と比べて運動をすると③の数が増えるのはなぜですか。

483 ① 心筋
② 拍動
③ 脈拍
④ 首の横，こめかみ　など
⑤ 60 ～ 80 回
⑥ 運動に必要なエネルギーを得るために酸素と栄養分が多く必要だから。

484 血液の循環について
① 下図のA～Dに当てはまる気体は何ですか。
② 心臓から出た動脈血が静脈血になり心臓へ戻る循環を何といいますか。
③ 心臓から出た静脈血が動脈血になり心臓へ戻る循環を何といいますか。
④ C以外に血液から全身の細胞へ渡されるものは何ですか。
⑤ D以外に全身の細胞から血液へ渡されるものは何ですか。

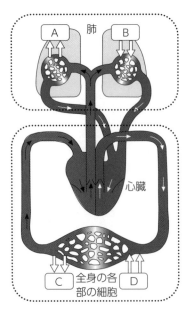

484 ① A　二酸化炭素
　　B　酸素
　　C　酸素
　　D　二酸化炭素
② 体循環
③ 肺循環
④ 栄養分
⑤ 不要物

◆ポイント◆　心房が縮むと心室に血液が送られ，心室が縮むと肺または全身に血液が送られます。このとき，心臓にある弁が閉じる音がドクンドクンと聞こえます。

485 毛細血管で物質の受け渡しがしやすい理由は何ですか。

485 血流が遅く，表面積が大きくなっているため効率よく物質のやり取りができるから。

☒486 右図はヒトの血液循環
の様子を模式的に示した
ものです。

① A〜Eの器官の名前
をそれぞれ答えなさい。

② ア〜ケの血管の名前
をそれぞれ答えなさい。

③ ア〜ケのうち静脈血
が流れる血管はどれで
すか。

④ 酸素が最も多く含ま
れる血液が流れる血管
はア〜ケのうちどれで
すか。

⑤ 血流が最も速い血管はア〜ケのうちどれですか。

⑥ 二酸化炭素以外の不要物が最も少ない血液の流れる
血管はア〜ケのうちどれですか。

⑦ 二酸化炭素が最も多く含まれる血液の流れる血管は
ア〜ケのうちどれですか。

⑧ 食後，養分が最も多く含まれる血液の流れる血管は
ア〜ケのうちどれですか。

⑨ 空腹時，養分が最も多く含まれる血液の流れる血管
はア〜ケのうちどれですか。

486
① A 肺
　 B 心臓
　 C 肝臓
　 D 小腸
　 E 腎臓
② ア 大静脈
　 イ 肺動脈
　 ウ 肺静脈
　 エ 大動脈
　 オ 肝静脈
　 カ 肝動脈
　 キ 門脈
　 ク 腎静脈
　 ケ 腎動脈
③ ア・イ・オ・キ・ク
④ ウ
⑤ エ
⑥ クエ
⑦ イ
⑧ キ
⑨ オ

☒487 右図はヒトの骨格を示してい
ます。

① A〜Eの骨の名前をそれぞ
れ答えなさい。

② ヒトの骨格を構成する骨の
数はおよそ何個ですか。

③ Dの骨のつながり方を何と
いいますか。

④ Fの骨のつながり方を漢字
で答えなさい。

⑤ 骨の主成分は何ですか。

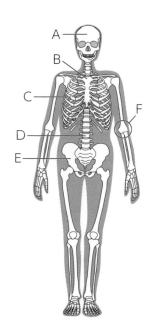

487
① A 頭骨
　 B 胸骨
　 C 肋骨
　 D 背骨
　 E 骨盤
② 200 個
③ 軟骨結合
④ 関節
⑤ リン酸カルシウム

◆ポイント◆ 骨の断面はスポンジ状
になっており，骨髄というゼリー状の
ものがつまっています。骨髄では新し
い血液をつくり続けています。また，
背骨の内側には脳につながる太い神経
が通っており，脳からの電気信号を全
身に伝えています。

☒**488** 下図はヒトの足と腕の関節部分です。

① A〜Cの名前はそれぞれ何ですか。

② 骨と筋肉をつないでいるのはA〜Cのどれですか。

③ 関節がずれないように骨と骨をつないでいるのはA〜Cのどれですか。

④ 腕を矢印の方に曲げるとき，XとYの筋肉はそれぞれどうなっていますか。

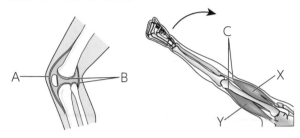

488 ① A　じん帯
　　　B　軟骨
　　　C　けん
② C
③ A
④ X　縮む
　Y　ゆるむ

◆ポイント◆　筋肉はもとの長さから縮むことはありますが，のびることはありません。縮んだ状態からもとの長さに戻ることをゆるむと表現します。例えば，Xの筋肉（上腕二頭筋）を縮めると腕を曲げることができ，Yの筋肉（上腕三頭筋）を縮めると腕をのばすことができます。

　骨と筋肉の動きをてこの3点で表すと，力点が作用点と支点の間にあるてこで，筋肉（力点）の力が作用点では小さく，動きは大きくなっています。

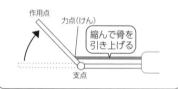

☒**489** 下図はヒトとイヌの腰から足にかけての骨格を示しています。

① ヒトの足の矢印の部分を何といいますか。

② イヌの足のかかとの部分を○で囲みなさい。

③ ヒトがかかとを地面につけているのは，ヒトがどのような歩き方をしていることと関係がありますか。

④ ヒトとイヌの骨盤の違いを説明しなさい。

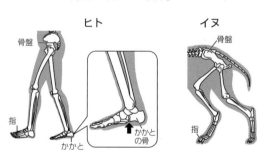

489 ① 土ふまず
②

③ 直立二足歩行
④ 内臓の重さを支えるため，ヒトの方が大きくお椀状になっている。

◆ポイント◆　土ふまずによって足の裏がアーチ構造になり重さにたえやすくなります。

　また，ヒトの背骨はS字カーブをえがいており，衝撃をクッションのようにやわらげるはたらきもあります。

□490 排卵された卵（卵子）と精子が卵管の部分で〔　①　〕すると〔　②　〕になります。〔　②　〕は〔　①　〕から約1週間で〔　③　〕の壁に着床し，〔　④　〕が形成されます。

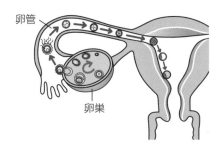

卵管
卵巣

□491 ヒトの卵の直径と精子の長さはどのくらいですか。

□492 右図は，胎児とそのまわりの様子です。
　①　A〜Cの部分の名前をそれぞれ答えなさい。
　②　Bの役割は何ですか。

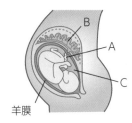

B
A
C
羊膜

□493 ヒトの誕生について
　①　受精から誕生までおよそ何週（何日）ですか。
　②　誕生時の身長はどのくらいですか。
　③　誕生時の体重はどのくらいですか。
　④　生まれたての赤ちゃんの肺呼吸の開始となる行動は何ですか。

□494 図1と図2はヒトの目と耳のつくりを示しています。
　①　図1のA・Bの部分の名前を答えなさい。
　②　図2のC・Dの部分の名前を答えなさい。

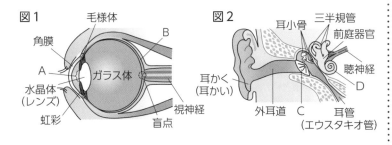

図1
毛様体
角膜
B
A
ガラス体
水晶体
（レンズ）
虹彩
視神経
盲点

図2
耳小骨　三半規管
前庭器官
聴神経
D
耳かく
（耳かい）
外耳道　C　耳管
（エウスタキオ管）

490　①　受精
　　　②　受精卵
　　　③　子宮
　　　④　胎盤

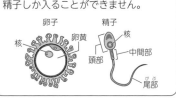

◆ポイント◆　1つの卵子には1つの精子しか入ることができません。
卵子　精子
核　卵黄　核
頭部　中間部
尾部

491　卵　0.14mm　　精子　0.06mm

492　①　A　へその緒
　　　　　B　胎盤　　C　羊水
　　　②　中に母親と胎児の血管が直接つながっていない状態で入っており，母親から胎児へ酸素と栄養分が渡され，胎児から母親へ二酸化炭素と不要物が渡される。

493　①　38週（266日）
　　　②　50cm
　　　③　3000g
　　　④　産声をあげる。

◆ポイント◆　胎児はふつう頭を下にしており，頭から産まれてきます。

494　①　A　瞳孔（ひとみ）
　　　　　B　網膜
　　　②　C　鼓膜
　　　　　D　うずまき管

◆ポイント◆　目で物を見るとき，物から出た光が凸レンズのはたらきをする水晶体を通って，網膜に集まって像をつくります。この光の刺激が電気信号に変換されて，視神経から脳へと伝わります。
　耳で音を聞くとき，音源からの空気などの振動が外耳道の中の空気→鼓膜→耳小骨→うずまき管の順に伝わります。この振動の刺激が電気信号に変換されて，聴神経から脳へと伝わります。

第2節　動物

☒**495** セキツイ動物の分類を示した下図のA〜Eに当てはまる語句を答えなさい。

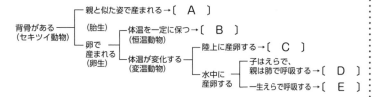

背骨がある（セキツイ動物）━ 親と似た姿で産まれる→〔　A　〕（胎生）
卵で産まれる（卵生）┳ 体温を一定に保つ→〔　B　〕（恒温動物）
　　　　　　┗ 体温が変化する（変温動物）┳ 陸上に産卵する→〔　C　〕
　　　　　　　　　　　　　　　　┗ 水中に産卵する┳ 子はえらで、親は肺で呼吸する→〔　D　〕
　　　　　　　　　　　　　　　　　　　　　┗ 一生えらで呼吸する→〔　E　〕

495　A　哺乳類
　　　B　鳥類
　　　C　は虫類
　　　D　両生類
　　　E　魚類

☒**496** サル（哺乳類）について
・体温…〔　①　〕動物
・呼吸…〔　②　〕呼吸
・心臓…〔　③　〕
・体表…〔　④　〕でおおわれている。
・受精…〔　⑤　〕受精
・生まれ方…〔　⑥　〕

496　①　恒温　　②　肺
　　　③　2心房2心室
　　　④　体毛　　⑤　体内
　　　⑥　胎生

◆ポイント◆　胎生の哺乳類は受精卵が小さく、母体から栄養分をもらって大きく成長します。哺乳類にある、へその緒のあとである「へそ」は卵生の生き物にはありません。例外として卵生のカモノハシやハリモグラ、有袋類であるカンガルーなどにはへそはありません。

☒**497** スズメ（鳥類）について

・体温…〔　①　〕動物
・呼吸…〔　②　〕呼吸
・心臓…〔　③　〕
・体表…〔　④　〕でおおわれている。
・受精…〔　⑤　〕受精
・生まれ方…〔　⑥　〕

497　①　恒温　　②　肺
　　　③　2心房2心室
　　　④　羽毛　　⑤　体内
　　　⑥　卵生

◆ポイント◆　哺乳類と鳥類は2心房2心室であり、恒温動物です。

☒**498** ヘビ（は虫類）について

・体温…〔　①　〕動物
・呼吸…〔　②　〕呼吸
・心臓…〔　③　〕
・体表…〔　④　〕でおおわれている。
・受精…〔　⑤　〕受精
・生まれ方…〔　⑥　〕

498　①　変温　　②　肺
　　　③　不完全な2心房2心室
　　　④　うろこ　　⑤　体内
　　　⑥　卵生

◆ポイント◆　は虫類は脱皮をして古いうろこを脱ぎ捨てます。カメの甲らは肋骨が変化したものです。

499 カエル（両生類）について

- 体温…〔 ① 〕動物
- 親の呼吸…〔 ② 〕呼吸
- 子の呼吸…〔 ③ 〕呼吸
- 心臓…〔 ④ 〕
- 体表…〔 ⑤ 〕でおおわれている。
- 受精…〔 ⑥ 〕受精
- 生まれ方…〔 ⑦ 〕

499
① 変温
② 肺・皮ふ
③ えら・皮ふ
④ 2心房1心室
⑤ 粘膜
⑥ 体外
⑦ 卵生

◆ポイント◆ イモリやサンショウオは成体になっても尻尾がなくなることはありません。

500 フナ（魚類）について

- 体温…〔 ① 〕動物
- 呼吸…〔 ② 〕呼吸
- 心臓…〔 ③ 〕
- 体表…〔 ④ 〕でおおわれている。
- 受精…〔 ⑤ 〕受精
- 生まれ方…〔 ⑥ 〕

500
① 変温
② えら
③ 1心房1心室
④ うろこ
⑤ 体外
⑥ 卵生

◆ポイント◆ 水中で産卵する両生類と魚類の卵に殻はなく，受精の方法は体外受精です。

501 草食動物と肉食動物について

① 図1と図2はウマ（草食）とライオン（肉食）のいずれかの頭骨を示しています。ウマの頭骨はどちらですか。

② ウマとライオンの歯はえさを食べるためにそれぞれどのように都合がよくなっていますか。

③ ウマの消化管はライオンと比べて体長に対する長さが長くなっているのはなぜですか。

④ ウマとライオンの目のつき方はそれぞれどのような場合に都合がよくなっていますか。

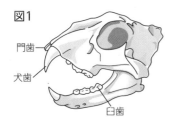
図1
門歯
犬歯
臼歯

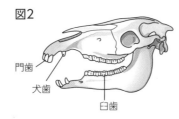
図2
門歯
犬歯
臼歯

501
① 図2
② ウマは草をかみ切るための門歯と，草をすり潰すための臼歯が発達している。
　ライオンは獲物をとらえ肉を切り裂くための犬歯と，肉を切り裂き骨を砕くためのぎざぎざになった臼歯が発達している。
③ 肉と比べて草は食物繊維を含み，消化吸収に時間がかかるから。
④ ウマの目は横向きについているので視野が広く，天敵を察知しやすい。
　ライオンの目は顔の前についているので立体的に見える範囲が広く，獲物との距離がはかりやすい。

⊠502　右図はニワトリの卵の
つくりを示しています。

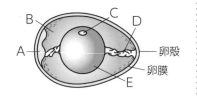

① 　A〜Eの部分の名
前をそれぞれ答えな
さい。

② 　A〜Eのうち，細胞分裂を繰り返してやがてヒヨコ
のからだになっていく部分はどこですか。

③ 　卵の中に最も多く含まれる栄養素は何ですか。

④ 　ニワトリの卵（受精卵）は38℃であたためると何日
ほどでふ化しますか。

⊠503　下図のA〜Hは，いろいろな鳥のシルエットです。そ
れぞれの鳥の名前を答えなさい。

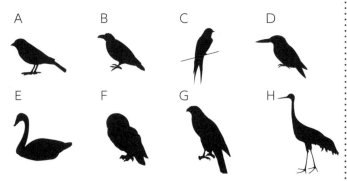

⊠504　夏鳥について

① 　右図の夏鳥の名前は何ですか。

② 　①の鳥のえさは何ですか。

③ 　夏鳥が日本にやってくる季節はいつですか。

④ 　夏鳥は何のために日本にやってきますか。

⑤ 　①の鳥以外の夏鳥の例を2つあげなさい。

⊠505　冬鳥について

① 　右図の冬鳥の名前は何ですか。

② 　①の鳥のえさは何ですか。

③ 　冬鳥が日本にやってくる季節は
いつですか。

④ 　冬鳥が繁殖する季節と場所を答えなさい。

⑤ 　①の鳥以外の冬鳥の例を2つあげなさい。

502　①　A　気室　　　B　卵白
　　　　　C　胚　　　　D　カラザ
　　　　　E　卵黄
　　　②　C
　　　③　たんぱく質
　　　④　21日

◆ポイント◆ 　卵殻はおもに炭酸カル
シウムでできており，ニワトリの雛の
成長に使われ，だんだんと薄くなって
いきます。食用の卵は一般的に未受精
卵でふ化しません。

503　A　スズメ
　　　B　カラス
　　　C　ツバメ
　　　D　カワセミ
　　　E　ハクチョウ
　　　F　フクロウ
　　　G　タカ
　　　H　ツル

504　①　ツバメ
　　　②　ハエやハチなどの昆虫
　　　③　春
　　　④　産卵と子育て
　　　⑤　カッコウ，ホトトギス
　　　　　など

505　①　ハクチョウ
　　　②　アマモなどの水草
　　　③　秋
　　　④　夏・シベリアなど北の地域
　　　⑤　マガモ，マガン　など

◆ポイント◆ 　夏鳥も冬鳥も春に北へ
移動し，夏に産卵と子育てを行い，秋
に越冬のため南へ移動します。また春
や秋に日本に立ち寄るシギ・チドリの
ような渡り鳥を旅鳥と呼びます。

☒506　図1と図2はは虫類と両生類の心臓のつくりを示しています。
　①　は虫類の心臓は図1と図2のどちらですか。
　②　は虫類・両生類の心臓の不利な点を答えなさい。

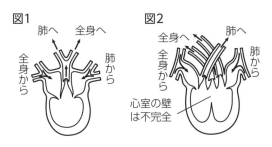

図1
肺へ　全身へ
全身から　肺から

図2
全身へ　肺へ
全身から　肺から
心室の壁は不完全

☒507　右図のAとBはそれぞれ何というカエルの卵ですか。

A　　　　B

☒508　卵からカエルになる順番に次のア〜カを並べなさい。

卵　カエル

ア　イ　ウ　エ　オ　カ

☒509　図1はメスのフナの解剖中のスケッチ，図2は魚の心臓のつくりを示しています。
　①　図1のA〜Gの器官の名前をそれぞれ答えなさい。
　②　図1の解剖ばさみを使うとき，アではなく，イをフナの体内に差し込むのはなぜですか。
　③　図2の心房と心室にはそれぞれ動脈血と静脈血のどちらが流れていますか。
　④　図2のXとYのうち，えらに直接つながっているのはどちらですか。

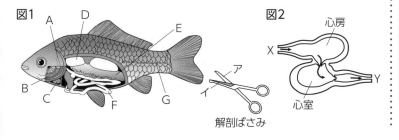

図1
A　D
E
B
C　F　G
ア
イ
解剖ばさみ

図2
心房
X
Y
心室

506　①　図2
　　②　心室で動脈血と静脈血が混ざってしまう点。

◆ポイント◆　両生類の心臓は2心房1心室（図1），は虫類は不完全な2心房2心室（図2），鳥類と哺乳類の心臓は完全な2心房2心室です。

右心房　左心房
右心室　左心室
2心房2心室

507　A　モリアオガエル
　　B　ヒキガエル

508　イ→カ→エ→ア→オ→ウ

509　①　A　えらぶた　B　えら
　　　　C　心臓　　　D　浮き袋
　　　　E　卵巣　　　F　消化管
　　　　G　側線
　　②　とがっている方で内臓を傷つけないようにするため。
　　③　心房　静脈血
　　　　心室　静脈血
　　④　Y

◆ポイント◆　呼吸器であるえらのすぐ近くに心臓があります（ヒトも肺のそばに心臓があります）。そのえらは，ひだ状になっており，表面積が大きくなっていることで効率よく気体交換を行うことができます。また側線は水圧や水の流れを感じる器官で天敵や獲物を察知するのに役立ちます。

☒510　次の①～⑯の動物の名前とセキツイ動物の中の何類に
　　　分類されるかを答えなさい。

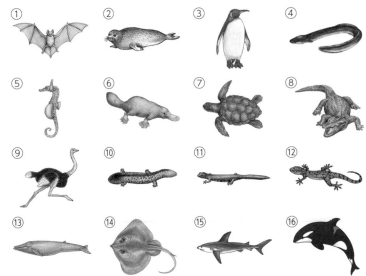

510　① コウモリ・哺乳類
　　 ② アザラシ・哺乳類
　　 ③ ペンギン・鳥類
　　 ④ ウナギ・魚類
　　 ⑤ タツノオトシゴ・魚類
　　 ⑥ カモノハシ・哺乳類
　　 ⑦ カメ・は虫類
　　 ⑧ ワニ・は虫類
　　 ⑨ ダチョウ・鳥類
　　 ⑩ オオサンショウウオ・両
　　 　生類
　　 ⑪ イモリ・両生類
　　 ⑫ ヤモリ・は虫類
　　 ⑬ クジラ・哺乳類
　　 ⑭ エイ・魚類
　　 ⑮ サメ・魚類
　　 ⑯ シャチ・哺乳類

☒511　無セキツイ動物の分類を示した下図のA～Fに当ては
　　　まる語句を答えなさい。

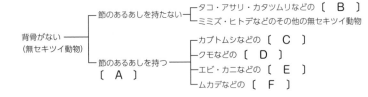

511　A 節足動物
　　 B 軟体動物
　　 C 昆虫類
　　 D クモ類
　　 E 甲殻類
　　 F 多足類

☒512　次の①～⑧の動物の名前と無セキツイ動物の中の何類
　　　に分類されるかを答えなさい。

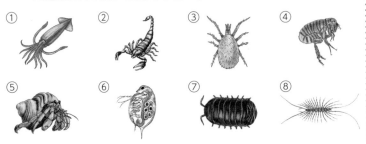

512　① イカ・軟体動物
　　 ② サソリ・クモ類
　　 ③ ダニ・クモ類
　　 ④ ノミ・昆虫類
　　 ⑤ ヤドカリ・甲殻類
　　 ⑥ ミジンコ・甲殻類
　　 ⑦ ダンゴムシ・甲殻類
　　 ⑧ ゲジ・多足類

☒513　節足動物は〔　①　〕骨格を持ち，〔　②　〕をしてか
　　　らだを大きくします。

513　① 外
　　 ② 脱皮

☒**514** 昆虫はからだが頭・胸・腹に分かれており，〔　①　〕からあしやはねが生えています。あしは〔　②　〕本，はねはふつう〔　③　〕枚あります。気体の出入り口である〔　④　〕の多くは腹にあり，からだの中の〔　⑤　〕とつながっています。昆虫は〔　⑤　〕で酸素と二酸化炭素のやり取りをしています。

514　① 胸
　② 6
　③ 4
　④ 気門
　⑤ 気管

☒**515** 昆虫の頭には物の色や形を感じる〔　①　〕，明るさを感じる〔　②　〕，においや振動を感じる〔　③　〕などがあります。

515　① 複眼
　② 単眼
　③ 触角

☒**516**　次のA〜Hは，いろいろな昆虫の頭の様子です。それぞれの昆虫の名前を答えなさい。

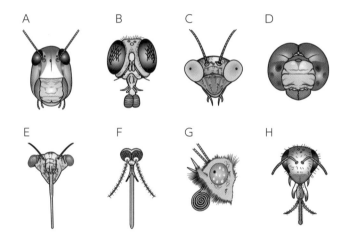

516　A バッタ
　B ハエ
　C カマキリ
　D トンボ
　E セミ
　F カ
　G チョウ
　H ハチ

◆ポイント◆

	口の形	食べ物
バッタ	かむ口	植物の葉
ハエ	なめる口	くさったもの
カマキリ	かむ口	他の昆虫
トンボ	かむ口	他の昆虫
セミ	刺す口	植物の汁
カ	刺す口	植物の汁や，動物の血液（メス）
チョウ	吸う口	花の蜜

☒**517**　昆虫の育ち方について
　卵から幼虫，さなぎ，成虫と姿をかえることを〔　①　〕といいます。チョウやガのようにさなぎの時期がある育ち方を〔　②　〕，バッタやカマキリ，トンボのようにさなぎの時期がない育ち方を〔　③　〕といいます。卵から幼虫になることを〔　④　〕，幼虫からさなぎになることを〔　⑤　〕，幼虫やさなぎから成虫になることを〔　⑥　〕といいます。

517　① 変態
　② 完全変態
　③ 不完全変態
　④ ふ化
　⑤ 蛹化（ようか）
　⑥ 羽化

◆ポイント◆ シミのように，幼虫から成虫まで姿が変化しない無変態の昆虫もいます。

☒518　カブトムシの仲間について
　　①　カブトムシのようなかたい前ばねを持つ昆虫の仲間
　　　　を何と呼びますか。
　　②　①の仲間の育ち方を答えなさい。
　　③　①の仲間であるA～Dの名前をそれぞれ答えなさい。

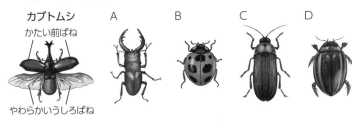

カブトムシ　　　　A　　　　　B　　　　　C　　　　　D
かたい前ばね
やわらかいうしろばね

518　①　甲虫
　　②　完全変態
　　③　A　クワガタムシ
　　　　B　テントウムシ
　　　　C　ホタル
　　　　D　ゲンゴロウ

◆ポイント◆　完全変態である甲虫の
仲間はほかに，マイマイカブリ，オサ
ムシ，ゴミムシ，ハンミョウ，カナブン，
ハナムグリ，カミキリムシ，タマムシ，
ゾウムシなどがいます。

☒519　下の図1と図2はアブとハチのいずれかを示しています。
　　①　アブやその仲間であるハエ・カのはねは何枚ですか。
　　②　アブの仲間は完全変態ですか，不完全変態ですか。
　　③　ハチの仲間は完全変態ですか，不完全変態ですか。
　　④　図1と図2はそれぞれアブとハチのどちらですか。
　　⑤　図3のアリ（はたらきアリ）はハチの仲間です。は
　　　　ねアリのはねは何枚ですか。

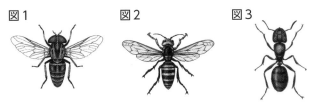

図1　　　　　　　図2　　　　　　　図3

519　①　2枚
　　②　完全変態
　　③　完全変態
　　④　図1　アブ
　　　　図2　ハチ
　　⑤　4枚

◆ポイント◆　完全変態であるはねが
2枚の仲間はハエ・アブ・カです。アリ・
ハチも完全変態ですが，はねは4枚で
す。シロアリはゴキブリに近い仲間で，
不完全変態の社会性昆虫です。

☒520　セミの仲間について
　　①　針状の刺す口を持つセミの仲間はカメムシ目と呼ば
　　　　れます。この仲間の育ち方を答えなさい。
　　②　セミの仲間であるA～Cの名前をそれぞれ答えなさい。

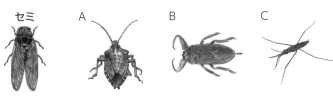

セミ　　　　　A　　　　　B　　　　　C

520　①　不完全変態
　　②　A　カメムシ
　　　　B　タガメ
　　　　C　アメンボ

◆ポイント◆　Aのカメムシは，果物
などの汁を吸って枯らしてしまう農業
害虫です。Bのタガメは，前あしで魚
などをつかまえて体液を吸います。C
のアメンボは，水面に落ちた昆虫など
の体液を吸います。

□521　セミの鳴き方について
　　①　鳴くのはオスとメスのどちらですか。
　　②　からだのどの部分を使ってどのように鳴きますか。
　　③　「ジリジリジリ・・・・・」と鳴くのは何ですか。
　　④　「オーシーツクツク・・・・・」と鳴くのは何ですか。
　　⑤　「カナカナカナ・・・・・」と鳴くのは何ですか。

521　①　オス
　　②　腹をふるわせて鳴く。
　　③　アブラゼミ
　　④　ツクツクボウシ
　　⑤　ヒグラシ

□522　コオロギやキリギリスの仲間について
　　①　鳴くのはオスとメスのどちらですか。
　　②　からだのどの部分を使ってどのように鳴きますか。
　　③　何のために鳴くのですか。2つ答えなさい。
　　④　「コロコロコロリー・・・・・」と鳴くのは何ですか。
　　⑤　「リーンリーン・・・・・」と鳴くのは何ですか。
　　⑥　「チンチロリン・・・・・」と鳴くのは何ですか。
　　⑦　「スイッチョン・・・・・」と鳴くのは何ですか。
　　⑧　「ガチャガチャ・・・・・」と鳴くのは何ですか。
　　⑨　「チョンギース・・・・・」と鳴くのは何ですか。
　　⑩　コオロギやキリギリスの仲間は完全変態ですか，不
　　　完全変態ですか。

522　①　オス
　　②　前ばねをこすり合わせて
　　　鳴く。
　　③・メスをおびき寄せるため。
　　　・なわ張りを主張するため。
　　④　エンマコオロギ
　　⑤　スズムシ
　　⑥　マツムシ
　　⑦　ウマオイ
　　⑧　クツワムシ
　　⑨　キリギリス
　　⑩　不完全変態

□523　下図のA～Jの昆虫の幼虫について
　　①　A～Jの昆虫の名前をそれぞれ答えなさい。
　　②　A～Jから不完全変態の昆虫をすべて選びなさい。
　　③　B・G・I・Jの幼虫を特に何と呼びますか。

523　①　A　カブトムシ
　　　　B　トンボ
　　　　C　テントウムシ
　　　　D　ゲンジボタル
　　　　E　セミ
　　　　F　アゲハ（5令）
　　　　G　モンシロチョウ
　　　　H　アゲハ（2～4令）
　　　　I　カイコガ
　　　　J　カ
　　②　B・E
　　③　B　ヤゴ
　　　　G　アオムシ
　　　　I　カイコ
　　　　J　ボウフラ

A
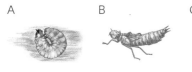
B

C

D

E

F

G

H

I

J

◆ポイント◆　昆虫は気門からつながっている気管で呼吸しますが，水中で生活するヤゴはえらで呼吸します。カの幼虫であるボウフラも水中で生活しますが，水面までのばした呼吸管を使って空気を取り入れて呼吸をしています。またカのさなぎをオニボウフラといいます。

524 モンシロチョウの育ち方について

① 下図のＡの長さはどのくらいですか。

② 卵は何色から何色に変わりますか。

③ 卵からふ化してすぐに食べる物は何ですか。

④ 5令幼虫になるまでに何回脱皮をしますか。

⑤ 幼虫の食草は何ですか。

⑥ 幼虫のあしは何本ありますか。

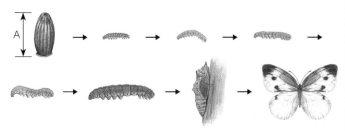

525 アゲハの育ち方について

① 下図のＡの長さはどのくらいですか。

② 卵は何色から何色に変わりますか。

③ 卵からふ化してすぐに食べる物は何ですか。

④ 5令幼虫になるまでに何回脱皮をしますか。

⑤ 幼虫の食草は何ですか。

⑥ 幼虫のあしは何本ありますか。

⑦ 5令幼虫にあるヘビの目玉のような模様は，からだのどこについていますか。

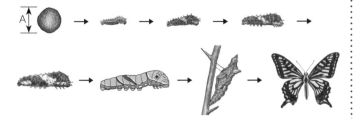

526 下の表にそれぞれの昆虫の冬越しの姿と場所をまとめなさい。

	モンシロチョウ	アゲハ	カブトムシ	カマキリ	バッタ
姿					
場所					

	ゲンゴロウ	タガメ	ギンヤンマ	オオムラサキ	テントウムシ
姿					
場所					

524
① 約1mm
② 乳白色から黄色
③ 自分の卵の殻
④ 4回
⑤ アブラナ科の植物の葉
⑥ 16本

◆ポイント◆ アオムシはつめのようなあしと吸盤のようなあしがあり，成虫になると吸盤のようなあしはなくなります。節の数は全部で13あります。

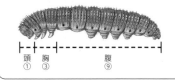

頭	胸	腹
①	③	⑨

525
① 約1mm
② 黄色から黒色
③ 自分の卵の殻
④ 4回
⑤ ミカン科の植物の葉
⑥ 16本
⑦ 胸

◆ポイント◆ ミカン科の植物にはユズ，カラタチ，サンショウなどがあります。

526

	モンシロチョウ	アゲハ	カブトムシ	カマキリ	バッタ
姿	さなぎ	さなぎ	幼虫	卵	卵
場所	木の枝など	木の枝など	土の中	木の枝など	土の中

	ゲンゴロウ	タガメ	ギンヤンマ	オオムラサキ	テントウムシ
姿	成虫	成虫	幼虫	幼虫	成虫
場所	水や土の中	水や土の中	水の中	落ち葉の裏	落ち葉の裏

527 昆虫のオスとメスについて
  ① 右図のコオロギはオスとメスのど
  ちらですか。
  ② ①の答えのように考えた理由は何
  ですか。
  ③ ヒトを刺すカはオスとメスのどち
  らですか。
  ④ ③の答えのように考えた理由は何ですか。
  ⑤ はたらきバチやはたらきアリはオスとメスのどちら
  ですか。
  ⑥ ゲンジボタルで光るのはオスとメスのどちらですか。
  ⑦ オスのカブトムシにあるつのは、からだのどこにあ
  りますか。

527 ① メス
  ② 産卵管があるから。
  ③ メス
  ④ 産卵のための栄養分とし
  て血が必要だから。
  ⑤ メス
  ⑥ メスとオスのどちらも光る
  ⑦ 頭と胸に1本ずつ

◆ポイント◆ 下図のようにカブトム
シのつのは大きいものが頭に，小さい
ものが胸にあります。

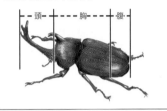

528 右図のメダカについて
  ① A〜Eのひれの名前を
  それぞれ答えなさい。
  ② 2枚あるひれの名前を
  答えなさい。
  ③ オスとメスはどうやって見分ければよいですか。
  ④ このメダカはオスとメスのどちらですか。
  ⑤ メダカの体長はどのくらいですか。

528 ① A 胸びれ B 背びれ
      C 尾びれ D 尻びれ
      E 腹びれ
  ② 胸びれ・腹びれ
  ③ メスは背びれに切れ込み
  がなくオスにはある。また
  メスは尻びれが三角形に近
  く，オスは大きめで平行四
  辺形に近い形をしている。
  ④ オス
  ⑤ 3〜4cm

529 メダカを飼う水そうに水草を入れる理由を2つ答えな
さい。

529 ・メダカの呼吸のための酸素
  を供給するため。
  ・産卵場所となるため。

530 自然界ではメダカの産卵は①{早朝 お昼頃 夕方 真
夜中}に行われます。メダカの卵のふ化に最も適した水温
は〔 ② 〕℃ぐらいで，この水温のとき産卵から〔 ③ 〕
日目頃にふ化します。

530 ① 早朝
  ② 25
  ③ 11

531 メダカの卵を観察
するとき，右図のよ
うな実験器具を使い
ます。この器具の名
前を答えなさい。

531 解剖顕微鏡

☒532　下図のア～オは，メダカの卵が成長してふ化するまで
の様子を示しています。
①　A～Eの部分の名前をそれぞれ答えなさい。
②　ア～オを成長の順に並べなさい。

ア　イ　ウ　エ　オ

③　卵の大きさはどのくらいですか。

532　①　A　卵黄のう
　　　　　B　胚（胚盤）
　　　　　C　卵黄
　　　　　D　油の粒
　　　　　E　付着毛
　　　②　ウ→オ→イ→ア→エ
　　　③　1～1.5mm

☒533　図1と図2の実験で，メダカが図1では時計回り，図
2では反時計回りに泳ぐのはそれぞれなぜですか。

図1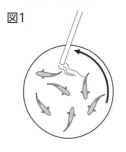
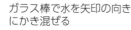
ガラス棒で水を矢印の向き
にかき混ぜる

図2
水そうのまわりに巻きつけ
た紙を矢印の向きに回す

533　図1　水の流れに逆らって泳
　　　　　ぎ，その場に留まろう
　　　　　とするから。
　　　図2　まわりの景色が動くこ
　　　　　とで水が流れていると
　　　　　感じ，その場に留まろ
　　　　　うとするから。

☒534　下図のA～Hの「動物性プランクトン」の名前をそれ
ぞれ答えなさい。

A　B　C　D

E　F　G　H

534　A　ゾウリムシ
　　　B　ツボワムシ
　　　C　ツリガネムシ
　　　D　アメーバ
　　　E　ラッパムシ
　　　F　ミジンコ
　　　G　ケンミジンコ
　　　H　クラゲ

◆ポイント◆　プランクトンとは水中
を浮遊して生活をする生き物のことで，
クラゲのような大きな生き物もいます
が，顕微鏡でなければ観察できないほ
どの小さな生き物がほとんどです。

☒535　下図のＡ～Ｉは「植物性プランクトン」です。
　　①　Ａ～Ｉの名前をそれぞれ答えなさい。
　　②　自分で動くことのできる性質も持つものをＡ～Ｉか
　　　ら選びなさい。

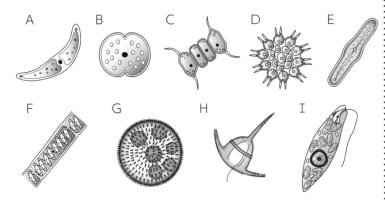

Ａ　　Ｂ　　Ｃ　　Ｄ　　Ｅ

Ｆ　　Ｇ　　Ｈ　　Ｉ

535　①　Ａ　ミカヅキモ
　　　　　Ｂ　ツヅミモ
　　　　　Ｃ　イカダモ
　　　　　Ｄ　クンショウモ
　　　　　Ｅ　ケイソウ
　　　　　Ｆ　アオミドロ
　　　　　Ｇ　ボルボックス
　　　　　Ｈ　ツノモ
　　　　　Ｉ　ミドリムシ
　　　②　Ｇ・Ｈ・Ｉ

◆ポイント◆　水中の肥料（無機養分）
が増えると，植物性プランクトンが大増
殖して赤潮が発生することがあります。

☒536　小さなプランクトンを観察
　　するときには右図のような顕
　　微鏡を使います。
　　①　Ａ～Ｆの部分の名前をそ
　　　れぞれ答えなさい。
　　②　顕微鏡はどのような所に
　　　置いて使いますか。
　　③　顕微鏡は，ＡとＣのうち
　　　先にＡを取りつけます。そ
　　　れはなぜですか。

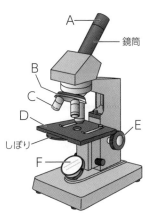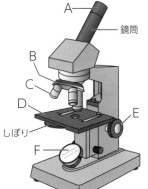

Ａ
鏡筒
Ｂ
Ｃ
Ｄ
Ｅ
しぼり
Ｆ

536　①　Ａ　接眼レンズ
　　　　　Ｂ　レボルバー
　　　　　Ｃ　対物レンズ
　　　　　Ｄ　ステージ（のせ台）
　　　　　Ｅ　調節ねじ
　　　　　Ｆ　反射鏡
　　　②　直射日光が当たらない明
　　　　るい水平な台の上。
　　　③　鏡筒にほこりなどが入ら
　　　　ないようにするため。

☒537　536のＡやＣは，最初は低
　　倍率のものを使います。
　　①　低倍率のものから使う
　　　のはなぜですか。
　　②　ＡとＣの低倍率のレンズを，それぞれア～エから選
　　　びなさい。

ア　イ　ウ　エ

537　①　視野を広くし，観察するも
　　　のを見つけやすくするため。
　　　②　Ａ　ア
　　　　　Ｃ　エ

☒538　右図を参考に，
　　顕微鏡用のプレ
　　パラートのつく
　　り方を説明しな
　　さい。

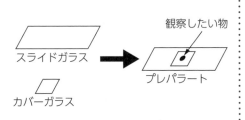

観察したい物
スライドガラス
プレパラート
カバーガラス

538　スライドガラスの上にピン
　　セットで観察する物をのせ，水
　　を１滴たらし，ピンセットと柄
　　付き針を使ってカバーガラスの
　　端を水につけて，泡が入らない
　　ようにゆっくりとカバーガラス
　　をかぶせる。

⊠**539** 顕微鏡で観察を始めるときの正しい手順となるように，次の**ア**〜**エ**を並べなさい。

ア．プレパラートをステージ（のせ台）にのせる。

イ．横から見ながら対物レンズとプレパラートの間の距離をできるだけ近づける。

ウ．接眼レンズをのぞきながら，反射鏡を動かして視野を明るくする。

エ．接眼レンズをのぞきながら，対物レンズとプレパラートの間の距離を遠ざけていき，ピントを合わせる。

⊠**540** 顕微鏡の視野が右図のように見えました。イカダモを中央で観察するには，プレパラートをどちらへ動かせばよいですか。

⊠**541** 顕微鏡のレンズを変えて高倍率にして観察しました。このとき，見え方はどのように変化しますか。

⊠**542** 下図は，昼間の池の中の生き物のつながりを示しています。

① 「●⇒○」は○が●を食べることを表しています。このような，生き物どうしの食う・食われる関係を何といいますか。

② ①の関係は実際は網の目のように非常に複雑になっています。この網の目のような生き物の複雑なつながりを何といいますか。

③ メダカから見たタガメのような，自然界にいる捕食者を何といいますか。

④ 気体Xと気体Yはそれぞれ何ですか。

⑤ A〜Hの気体の出入りを示す矢印のうち，夜になると矢印の向きが変化するのはどれですか。

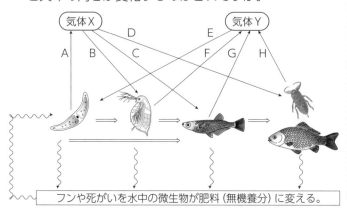

---

539 ウ→ア→イ→エ

540 右下

◆ポイント◆ 顕微鏡では実際の様子と比べ，上下左右が逆に見えます。

541 視野はせまく，暗くなる。

542 ① 食物連鎖
② 食物網
③ 天敵
④ 気体X　酸素
　　気体Y　二酸化炭素
⑤ A・E

◆ポイント◆ ミカヅキモは昼間，光合成と呼吸のどちらも行います。光合成では酸素（気体X）を出し，二酸化炭素（気体Y）を吸収します。呼吸では二酸化炭素を出し，酸素を吸収します。昼間，このはたらきの大きさは「光合成＞呼吸」になるため，ミカヅキモは昼間は酸素を出し，二酸化炭素を吸収します。

☒543 生態系の中で次の①～③のような生き物を何と呼びますか。
① ミカヅキモのような食物連鎖の出発点となる生き物。
② ミジンコやフナなど他の生き物をえさにしている生き物。
③ 生き物の死がいやふんを分解することでエネルギーを得ている，微生物などの生き物。

543 ① 生産者
② 消費者
③ 分解者

☒544 生産者をえさとする生き物を1次消費者，1次消費者をえさとする生き物を2次消費者といいます。それぞれの生き物の数は，下図のように多い順にCの生産者，Bの1次消費者，Aの2次消費者となります。自然界では，それぞれの数が多少変化しても長い年月で考えるとほぼ一定に保たれています。例えば，下図のようにBが増えた場合，①・②・③の順に数が変化し，全体がもとに戻るようになります。①～③の数の変化の理由をそれぞれ説明しなさい。

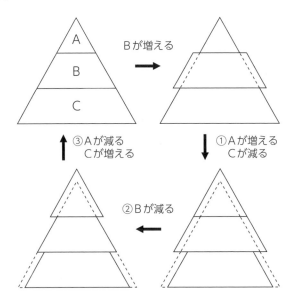

544 ① えさであるBが増えたことでAが増え，天敵であるBが増えたことでCが減る。
② 天敵であるAが増え，さらにえさであるCが減ったことで，Bが減る。
③ えさであるBが減ったことでAが減り，天敵であるBが減ったことでCが増える。

◆ポイント◆ ある地域における生き物の数の関係は，短期的な増減があったとしても，それを繰り返しながら，長期的にはほぼ一定に保たれて，安定します。しかし，例えばAが絶滅するなど，大きな変化があると，最終的にBとCも絶滅してしまうこともあります。

第3節　植物

☒545　種子について
　①　種子をつくる植物を何といいますか。
　②　種子をつくらない植物を2つあげなさい。
　③　種皮の役割は何ですか。
　④　どの部分を胚と呼びますか。

545　①　種子植物
　②　シダ，コケ　など
　③　種子の内部を乾燥から守る。
　④　子葉や幼芽，胚軸，幼根など成長して植物のからだになる部分。

◆ポイント◆　花を咲かせ，種子をつくる植物を種子植物といいます。マツやスギ，イネなどの花は花びらがありませんが種子でふえるため種子植物の仲間です。イヌワラビなどのシダ植物やスギゴケなどのコケ植物は種子ではなく胞子でふえる胞子植物です。

☒546　イネ・トウモロコシ・カキの種子について
　①　下図の種子のア～カの部分の名前をそれぞれ答えなさい。
　②　3つの種子が発芽のための養分をたくわえている部分を何といいますか。
　③　②の部分に養分をたくわえている種子を何といいますか。

546　①　ア　種皮
　　　イ　胚乳
　　　ウ　胚
　　　エ　子葉
　　　オ　胚軸
　　　カ　幼根
　②　胚乳
　③　有胚乳種子

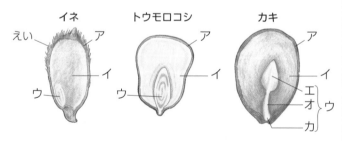

イネ　　トウモロコシ　　カキ

☒547　インゲンマメの種子について
　①　右図のア～オの部分の名前をそれぞれ答えなさい。
　②　発芽のための養分をたくわえている部分を何といいますか。
　③　②の部分に養分をたくわえている種子を何といいますか。
　④　ア～オから胚にあたる部分をすべて選びなさい。

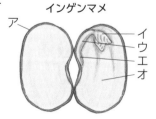

インゲンマメ

547　①　ア　種皮
　　　イ　幼芽
　　　ウ　胚軸
　　　エ　幼根
　　　オ　子葉
　②　子葉
　③　無胚乳種子
　④　イ・ウ・エ・オ

⊠548　有胚乳種子と無胚乳種了について
　　①　裸子植物は有胚乳種子と無胚乳種子のどちらですか。
　　②　裸子植物を3つあげなさい。
　　③　単子葉植物は有胚乳種子と無胚乳種子のどちらですか。
　　④　単子葉植物の科を3つあげなさい。
　　⑤　双子葉植物はふつう無胚乳種子ですが，有胚乳種子
　　　をつくるものもあります。その例を3つあげなさい。

548　①　有胚乳種子
　　②　マツ・スギ・イチョウ
　　　など
　　③　有胚乳種子
　　④　イネ科, ユリ科, アヤメ科
　　　など
　　⑤　カキ・オシロイバナ・ホ
　　　ウレンソウ・トマト　など

◆ポイント◆　単子葉類にはほかにも
ツユクサ科のツユクサやヒガンバナ科の
ヒガンバナやスイセンなどがあります。

⊠549　発芽後，子葉が地上に出ず地中に残る植物を4つあげ
　　なさい。

549　アズキ・エンドウ・ソラマメ・
　　クリ　など

⊠550　下図のア〜クのいろいろな植物の芽生えの様子について
　　①　ア〜クの植物の名前をそれぞれ答えなさい。
　　②　裸子植物をア〜クから選びなさい。
　　③　単子葉植物をア〜クから選びなさい。
　　④　双子葉植物をア〜クから選びなさい。
　　⑤　子葉が地中に残るものをア〜クから選びなさい。
　　⑥　有胚乳種子をつくるものをア〜クから選びなさい。

550　①　ア　イネ
　　　　イ　トウモロコシ
　　　　ウ　インゲンマメ
　　　　エ　マツ
　　　　オ　アブラナ
　　　　カ　アズキ
　　　　キ　ヘチマ
　　　　ク　アサガオ
　　②　エ
　　③　ア・イ
　　④　ウ・オ・カ・キ・ク
　　⑤　カ
　　⑥　ア・イ・エ

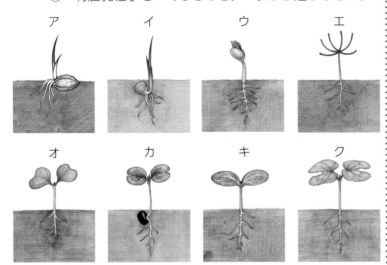

ア　　　イ　　　ウ　　　エ

オ　　　カ　　　キ　　　ク

☒551 発芽と成長の条件について
　① 発芽の条件を3つ答えなさい。
　② ①に加え，植物の成長に必要な条件を3つ答えなさい。

551　① 水・酸素・適当な温度
　　　② 二酸化炭素・光・肥料分

◆ポイント◆ 成長には，光合成に必要な二酸化炭素と光エネルギーと，肥料（無機養分）が必要です。

☒552 インゲンマメの種子を使って下図のような対照実験を行いました。
　① 発芽するものはどれですか。**ア～カ**からすべて選びなさい。
　② インゲンマメの種子の発芽のために，適当な温度が必要であることは，どの実験とどの実験を比較すれば分かりますか。

552　① イ・カ
　　　② イとエ

◆ポイント◆ 下のように表にまとめて考えましょう。

	ア	イ	ウ	エ	オ	カ
水	×	○	○	○	×	○
空気	○	○	×	○	○	○
温度	25℃	25℃	25℃	5℃	5℃	25℃
光	○	○	○	○	○	×
発芽	×	○	×	×	×	○

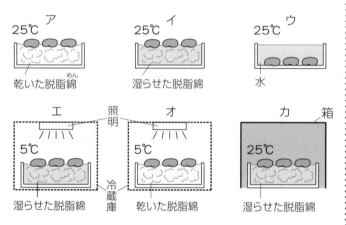

☒553 植物を日かげで育てると，日なたで育てた場合と比べてどうなりますか。

553　茎の太さは細く，草たけは高く，葉の色は黄色っぽくなる。

☒554 肥料の3要素を答えなさい。

554　窒素・リン酸・カリウム

☒555 呼吸を表す式

555　① 酸素
　　　② ブドウ糖
　　　③ 二酸化炭素
　　　④ 水
　　　（①・②は順不同）
　　　（③・④は順不同）

☒556 555の呼吸について
　① 呼吸はどこで行っていますか。
　② 呼吸はいつ行っていますか。

556　① 全身の細胞
　　　② 1日中

☒557　下の図1・図2のような実験を行いました。

① 発芽しかけの時期のダイズを使っているのはなぜですか。

② 図1で水酸化ナトリウム水溶液が入れてあるのはなぜですか。

③ 広口びんごと水そうの水につけてあるのはなぜですか。

④ 図1で赤インクが左に動いた分の体積は，何を示していますか。

⑤ 図2で赤インクが左に動いた分の体積は，何を示していますか。

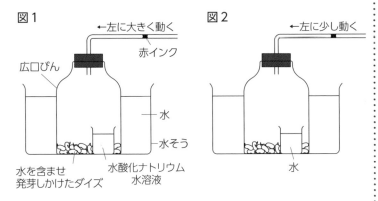

557　① 呼吸がさかんに行われているから。

② 呼吸によって放出された二酸化炭素を吸収するため。

③ 呼吸で発生する熱を吸収し，広口びん内の温度が一定になるようにするため。

④ ダイズが吸収した酸素の体積。

⑤ ダイズが吸収した酸素と放出した二酸化炭素の体積の差。

◆ポイント◆ 図1ではダイズの呼吸で酸素が吸収され，二酸化炭素が放出されますが，放出された二酸化炭素はすべて水酸化ナトリウム水溶液に吸収されるので，吸収された酸素の分だけ赤インクが左に動きます。

☒558　光合成を表す式

558　① 二酸化炭素

② 水

③ でんぷん

④ 酸素
（①・②は順不同
③・④は順不同）

☒559　光合成について

① 光合成の材料を答えなさい。

② 光合成はどこで行っていますか。

③ 光合成はいつ行っていますか。

559　① 二酸化炭素・水

② 葉緑体

③ 光が当たっているとき。

◆ポイント◆ 光は光合成に必要なエネルギーですが，材料ではありません。

☒**560** オオカナダモを使って，下図のような実験を行いました。

① 水を入れた水そうBは，何のために置いてありますか。

② 試験管にたまる気体Cは何ですか。

③ Cが②の気体であることを確かめる実験とその結果を答えなさい。

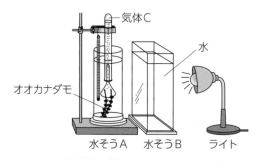

560

① ライトから出る光を吸収し，水そうAの方の水温を一定に保つため。

② 酸素

③ 火のついた線香を入れると，空気中より激しく燃える。

☒**561** アサガオを使って図1〜図6のような実験を行いました。

① この実験の前日にアサガオを一昼夜暗いところに置くのはなぜですか。

② 図2で葉を湯につけるのはなぜですか。

③ 図3で，葉をあたためたアルコールにつけるのはなぜですか。

④ 図3で，アルコールを直火ではなく湯であたためるのはなぜですか。

⑤ 図3で，アルコールと葉はそれぞれ何色になりますか。

⑥ 図5でヨウ素液を加えたとき，青紫色になるのはどの部分ですか。図6のア〜オからすべて選びなさい。

⑦ 図6のアとウの結果から分かることは何ですか。

⑧ 図6のアとエの結果から分かることは何ですか。

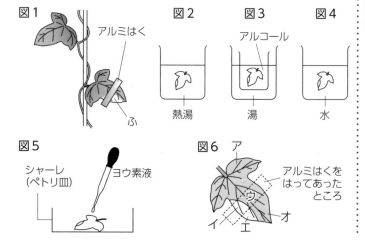

561

① 葉の中のでんぷんをすべてなくすため。

② 葉をやわらかくし，また，葉の活動を止めるため。

③ 葉の中の葉緑素を抜き，ヨウ素でんぷん反応の色の変化を見やすくするため。

④ 気化したアルコールに引火するのを防ぐため。

⑤ アルコール 緑色
葉 白色

⑥ ア・オ

⑦ 光合成には光が必要であること。

⑧ 光合成には葉緑体が必要であること。

◆ポイント◆ アルコールは気化しやすく可燃性があるので，引火するのを防ぐため，直火で加熱せず湯であたためます。

☒562 単子葉類と双子葉類の根・茎・葉のつくりをまとめた下の表のア～キに当てはまる語句をそれぞれ答えなさい。

	根	茎	葉
単子葉類	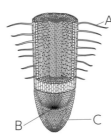　ア	エ　が散らばっている。 オ　がない。	カ　脈
双子葉類	イ　　ウ	エ　が輪になっている。 オ　がある。	キ　脈

562　ア　ひげ根
　　　イ　主根
　　　ウ　側根
　　　エ　維管束
　　　オ　形成層
　　　カ　平行
　　　キ　網状

☒563　右図は根の先端付近の拡大図です。
　①　A～Cの部分の名前をそれぞれ答えなさい。
　②　A～Cの部分の役割をそれぞれ答えなさい。

563　①　A　根毛
　　　　　B　成長点
　　　　　C　根冠
　　　②　A　水や肥料を吸収する。
　　　　　B　さかんに細胞分裂を行い，根をのばす。
　　　　　C　成長点を守る。

☒564　右図は単子葉類と双子葉類の茎の断面図を示しています。
　①　A～Cの部分の名前をそれぞれ答えなさい。
　②　A～Cの部分の役割をそれぞれ答えなさい。

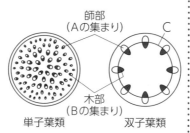

師部（Aの集まり）
木部（Bの集まり）
単子葉類　　双子葉類

564　①　A　師管
　　　　　B　道管
　　　　　C　形成層
　　　②　A　葉で作られた養分の通り道となる。
　　　　　B　根で吸収した水や肥料の通り道となる。
　　　　　C　さかんに細胞分裂を行い，茎を太くする。

☒565　右図は葉の断面図です。
　①　葉の表側はA・Bのどちらですか。
　②　CとDの部分の名前をそれぞれ答えなさい。
　③　さく状組織と海綿状組織で光合成をよりさかんに行っているのはどちらですか。

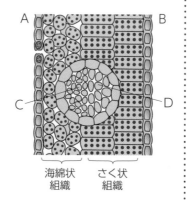

海綿状組織　さく状組織

565　①　B
　　　②　C　師管
　　　　　D　道管
　　　③　さく状組織

◆ポイント◆　葉の表側の方が光が当たりやすく，葉緑体を持つ細胞がぎっしりと並んでいます。

☒566 右図は葉の表面の細胞の様子です。

① 孔辺細胞にはさまれたすき間Xを何といいますか。

② 植物が体内の水分を水蒸気としてXから放出するはたらきを何といいますか。

③ ②のはたらきの役割は何ですか。

④ ②のはたらきがさかんなのはどのような時ですか。

孔辺細胞

X

☒567 566の②のはたらきを調べるときに使う〔 A 〕紙は、水がつくと〔 B 〕色から〔 C 〕色に変わります。

☒568 同じくらいの枝ぶりの茎4本を使って、下図のような実験を行いました。この実験についてまとめたあとの表を完成させなさい。

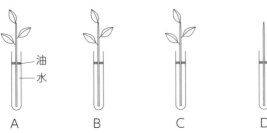

油
水

A
そのまま

B
すべての葉の
表面に
ワセリン

C
すべての葉の
裏面に
ワセリン

D
葉をすべてとって
切り口に
ワセリン

	A	B	C	D	水面の高さの変化
葉の表	○				
葉の裏	○				
茎	○				
水面の高さの変化	17mm	13mm	6mm	2mm	

☒569 花について

① 花の役割を説明しなさい。

② 花を咲かせる植物を何といいますか。

---

566 ① 気孔

② 蒸散（作用）

③ 根の水や肥料の吸収を助け、また体温や体内の水分量を調節する。

④ 気温が高く乾燥し、風が吹いており、光が当たっているとき。

567 A 塩化コバルト
B 青
C 赤

568

	A	B	C	D	水面の高さの変化
葉の表	○	×	○	×	4mm
葉の裏	○	○	×	×	11mm
茎	○	○	○	○	2mm
水面の高さの変化	17mm	13mm	6mm	2mm	

◆ポイント◆ 水面に油を浮かべることで、水面からの水の蒸発を防ぐことができます。また、ワセリンはクリーム状の油で、葉にぬることで気孔から水が蒸発するのを防いでいます。

569 ① 種子をつくり、子孫を残すこと。

② 種子植物

☒**570** 下図は花の一般的なつくりを示しています。A〜Hの部分の名前を答えなさい。

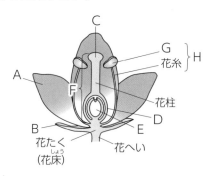

☒**571** 花で種子ができるまで

　おしべの〔　①　〕でつくられた花粉がめしべの〔　②　〕につくことを〔　③　〕といいます。〔　③　〕すると, 花粉から花粉管がめしべの〔　④　〕までのびて受精が行われ, 〔　④　〕が種子になります。

☒**572** マツについて

　マツのように〔　①　〕やがくがない花もあります。マツの花粉は〔　②　〕によって運ばれるため, 目立つ〔　①　〕によって虫や鳥をおびきよせる必要がありません。

　また, マツのめしべには〔　③　〕がなく, 胚珠がむき出しになっており, 果実ができません。このような植物を〔　④　〕植物といいます。〔　④　〕植物はめ花とお花とがある〔　⑤　〕です。

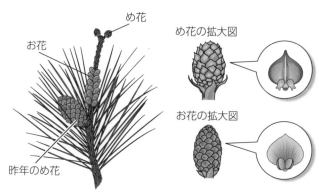

570
A	花びら（花弁）
B	がく
C	柱頭
D	子房
E	胚珠
F	めしべ
G	やく（花粉袋）
H	おしべ

571
① やく
② 柱頭
③ 受粉
④ 胚珠

572
① 花びら
② 風
③ 子房
④ 裸子
⑤ 単性花

◆ポイント◆ 裸子植物はほかにスギ・イチョウなどがあります。裸子植物は有胚乳種子をつくり, お花とめ花が咲く単性花です。マツとスギは1つの株にお花とめ花の両方が咲きますが, イチョウはお花しか咲かないお株とめ花しか咲かないめ株があります。イチョウのめ株には銀杏（ぎんなん）がなりますが, これは果実ではなく種子です。

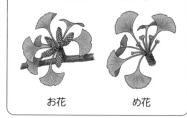

お花　　　　め花

☒ **573** 単性花の植物を3つあげなさい。

573 マツ・ヘチマ・トウモロコシ
など

◆ポイント◆ 裸子植物やウリ科の植物は単性花です。

☒ **574** 次の各特徴が虫媒花に当てはまる場合は「虫」，風媒花に当てはまる場合は「風」と答えなさい。
① 花があざやかで目立つ。
② 花から蜜や香りが出ている。
③ 花粉が大量につくられる。
④ 花粉がさらさらしていて軽い。

574 ① 虫
② 虫
③ 風
④ 風

☒ **575** 冬に花びらのある花を咲かせる，ツバキやサザンカ，ビワなどは何によって花粉が運ばれますか。

575 鳥

◆ポイント◆ メジロなどの小さな鳥が蜜や花粉を食べに花にきたときに花粉が体につくことで運びます。また，冬のあたたかい日には昆虫が花粉を運ぶこともあります。

☒ **576** 自家受粉する植物を3つあげなさい。

576 アサガオ・イネ・エンドウ
など

☒ **577** 下図のA～Eの部分の名前をそれぞれ答えなさい。

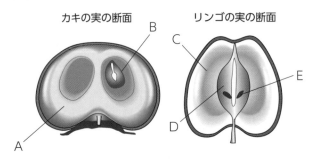

カキの実の断面　　　リンゴの実の断面

577 A 果実
B 種子
C 花たく
D 果実
E 種子

◆ポイント◆ 570の花のつくりを見てみましょう。

☒ **578** 花たくが実になる（可食部になる）植物をあげなさい。

578 リンゴ・ナシ・イチゴ　など

☒579　サクラ（バラ科）について

① 図1はサクラの冬芽の様子です。
アとイのうち，花芽は〔 A 〕，
葉芽は〔 B 〕です。先に開くの
はc{ア イ}です。それぞれ，1つ
の冬芽に花や葉がD{1つ 複数}
入っています。

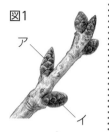
図1

② 図2はサクラの開花の等期日線図で，〔 A 〕とも
呼ばれます。これはサクラの開花日を地図上に示し，
曲線でつなげたもので，本州では〔 B 〕という品
種のサクラが指標として使われています。ふつう，あ
たたかい地域から開花
するため，c{北 南}
の方が早い日付になり
ますが，標高がD{高い
低い}ところは開花が遅
くなっています。

図2

5月10日
4月30日　5月10日
4月20日　4月30日
　　　　4月20日
4月10日
　　　　4月10日
3月　3月31日
31日
3月25日
　　　　3月31日
3月
25日　3月25日
3月25日
気象庁資料より

③ 図3はサクラの花の様子です。サクラ
の花はがくが〔 A 〕枚，花びらが
〔 B 〕枚，おしべが〔 C 〕です。

図3

④ 図4はサクラの葉の様子です。
葉脈の様子は〔 A 〕だと分かります。
また，このような葉を持つ樹木をB{広
葉樹 針葉樹}といいます。秋になる
と葉の色が〔 C 〕色になり，冬に
は葉がすべて落ちてしまいます。このような樹木をD{常
緑樹 落葉樹}といいます。

図4

⑤ 下図のA～Eは，バラ科の植物の花や果実の様子で
す。A～Eの植物の名前をそれぞれ答えなさい。

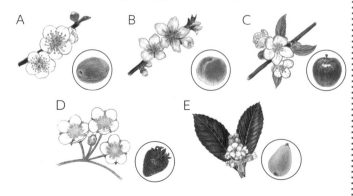
A　B　C　D　E

579 ① A　イ
　　　 B　イ
　　　 C　イ
　　　 D　複数
　　② A　桜前線
　　　 B　ソメイヨシノ
　　　 C　南
　　　 D　高い

◆ポイント◆ サクラは春に花が咲い
たあとに葉が出てきます。夏頃になる
と次の春に開く花芽がつくられて休眠
します。サクラの花芽は冬の低い温度
にさらされることで休眠から覚め，そ
の後のあたたかさによって開花します。
そのため，冬にあたたかい日が続き，
低い温度にさらされにくかった場合な
どは，図2の鹿児島と長崎のように，
南の方が開花が遅いこともあります。

　　③ A　5
　　　 B　5
　　　 C　多数

🌿 サクラ（バラ科）

| 離弁花/双子葉類/被子植物/種子植物 | |
虫媒花/両性花/無胚乳種子	
がく	5枚
花びら	5枚
おしべ	多数
めしべ	1本

　　④ A　網状脈
　　　 B　広葉樹
　　　 C　赤
　　　 D　落葉樹

◆ポイント◆ サクラのように広い葉
を持つ樹木を広葉樹，マツやスギのよ
うに細長い葉を持つ樹木を針葉樹とい
います。また，サクラのように冬に葉
をすべて落とす樹木を落葉樹，冬にも
緑の葉をつけている樹木を常緑樹とい
います。紅葉する樹木は落葉樹です。

　　⑤ A　ウメ
　　　 B　モモ
　　　 C　リンゴ
　　　 D　イチゴ
　　　 E　ビワ

☒580 アブラナ（アブラナ科）について

① 図1はアブラナの花が咲いている様子です。上の方に〔　A　〕があり，下の方には〔　B　〕があることから，花は茎のc{上　下}の方から咲くことが分かります。

図1

② 図1を参考にして，次のア〜オをつぼみから果実ができるまでの順に並べなさい。

ア 　イ 　ウ 　エ 　オ

③ 図2はアブラナの花のつくりを示しています。がくが〔　A　〕枚，花びらが〔　B　〕枚，おしべが〔　C　〕本でそのうち長いものが〔　D　〕本，短いものが〔　E　〕本，めしべが1本あります。

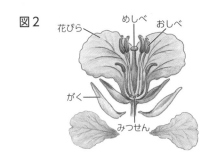
図2

④ 図3はアブラナのめしべが果実になる様子を示しています。アブラナの果実からとれる種子の数は胚珠の数と同じで〔　A　〕個です。このアブラナの種子をしぼると〔　B　〕がとれます。

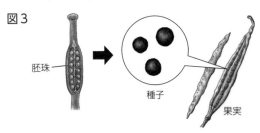
図3

580
① A　つぼみ
　　B　果実
　　C　下
② ウ→エ→オ→ア→イ
③ A　4
　　B　4
　　C　6
　　D　4
　　E　2

🌿 **アブラナ**（アブラナ科）

離弁花/双子葉類/被子植物/種子植物
虫媒花/両性花/無胚乳種子

がく	4枚
花びら	4枚
おしべ	6本（4長2短）
めしべ	1本

◆ポイント◆ 双子葉植物の花びらの数は5枚のものが多いですが，アブラナ科の花は花びらが4枚で十字花植物とも呼ばれていました。

④ A　20〜30
　　B　菜種油

⑤　アブラナを育てるときは，_A{春　夏　秋　冬}に種まきをします。発芽後，葉をつけたまま冬を越し，_B{春　夏　秋　冬}に花が咲き，_C{春　夏　秋　冬}のはじめに果実が成熟します。

⑥　〔　A　〕の七草のうち，アブラナ科は3種で，アの〔　B　〕は〔　C　〕草，イのカブは〔　D　〕，ウのダイコンは〔　E　〕とも呼ばれます。

ア　　　　イ　　　　　　ウ

⑦　次のア～エは食用にされるアブラナ科の植物の様子です。ア～エの植物の名前をそれぞれ答えなさい。

ア　　　　イ　　　　　ウ　　　　　エ

⑧　図4はダイコンの種子を光が当たらないところで育てて，若い芽を食用とする〔　　　〕です。〔　　　〕を育てるとき，光をずっと当てないと葉が黄色っぽいので，最後に葉に光を当てて緑色にします。

図4

---

⑤　A　秋
　　B　春
　　C　夏
⑥　A　春
　　B　ナズナ
　　C　ぺんぺん
　　D　すずな
　　E　すずしろ

◆ポイント◆　ダイコンの可食部は主に根ですが，根の上にある緑色になる部分は胚軸で，根ではありません。根の部分は主根で，よく見ると側根が生えているのが分かります。胚軸の部分からは側根は生えません。

胚軸
根

⑦　ア　キャベツ
　　イ　ブロッコリー
　　ウ　ハクサイ
　　エ　カリフラワー

◆ポイント◆　ブロッコリーとカリフラワーは花のつぼみの部分を食用としています。アブラナ科はほかにコマツナやイヌガラシ，ワサビなどがあります。

⑧　カイワレダイコン

☑581 アサガオ（ヒルガオ科）について

図1

① 図1はアサガオの花が咲いている様子です。アサガオのつぼみの巻き方は上から見ると〔　A　〕回りに巻かれており，つるの巻き方は上から見ると〔　B　〕回りにのびています。

② アサガオの花は1年のうち〔　A　〕を過ぎた頃に咲きはじめます。また，1日の中では〔　B　〕に咲き，〔　C　〕頃にはしぼみます。しぼんだ花は再び咲くことはありません。

③ 図2のようにアサガオのつぼみの状態から袋をかぶせておいても種子ができました。これはアサガオが〔　A　〕するためです。アサガオは図3のように花が開くときに〔　B　〕がのびて，めしべの柱頭に花粉がつくことで〔　A　〕を行います。

図2　図3

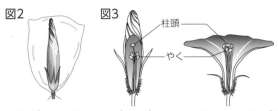

④ アサガオの花は，がくが〔　A　〕枚，花びらが〔　B　〕枚，おしべが〔　C　〕本です。

⑤ 図4は受粉後のアサガオの果実・種子ができ，発芽するまでの様子です。AとBは，それぞれ花のときは何と呼ばれていた部分ですか。

図4

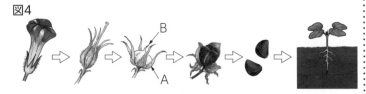

⑥ 図5はアサガオと同じヒルガオ科の植物で，地下の根の部分を食用としています。図5は花が咲いていますが，もともと熱帯の地方の作物で，日本で花が咲くことはあまりありません。この植物は何ですか。

図5

581　①　A　時計
　　　　B　反時計

◆ポイント◆　アサガオが開花するときは，時計回りに巻いていた花びらがほどけるように反時計回りに花びらが開いていきます。

②　A　夏至
　　B　早朝
　　C　昼

◆ポイント◆　アサガオは日がだんだん短くなると開花するため，夏至を過ぎてからが花の咲く時期になります。

③　A　自家受粉
　　B　おしべ

◆ポイント◆　アサガオは自家受粉を行いますが，虫媒花でもあります。また，アサガオは自家受粉を行うため，すぐにしぼむことで花の中のめしべを守ることができると考えられます。

④　A　5　B　5　C　5

🌿 アサガオ（ヒルガオ科）

合弁花/双子葉類/被子植物/種子植物
虫媒花/両性花/無胚乳種子

がく	5枚
花びら	5枚
おしべ	5本
めしべ	1本

◆ポイント◆　アサガオの花は花びらが5枚の合弁花で，1枚ではないので注意しましょう。

⑤　A　がく
　　B　花柱と柱頭
⑥　サツマイモ

◆ポイント◆　サツマイモをたねいもとして育てると右下のようになります。ヒルガオ，ヨルガオはヒルガオ科ですが，ユウガオはウリ科なので注意しましょう。

⑦　図6はアサガオでつくった〔　A　〕です。〔　A　〕はすだれと同じように〔　B　〕をさえぎることに加え，アサガオが〔　C　〕するときに〔　D　〕をうばうことで温度を下げる効果があります。

図6

⑦　A　緑のカーテン
　　B　日差し
　　C　蒸散
　　D　気化熱

▣582　ジャガイモ（ナス科）について

①　図1は地中にできたジャガイモの様子です。ジャガイモは地下の〔　A　〕の部分に養分をたくわえています。たくわえている主な養分は〔　B　〕です。

図1

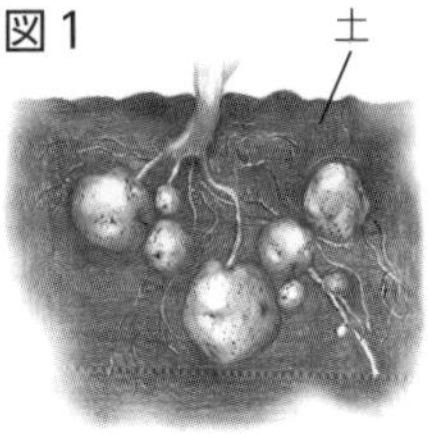

②　図2はジャガイモから芽と根が出る様子です。ジャガイモの芽は〔　A　〕から，根は〔　B　〕から出ます。

③　図3はジャガイモの花の様子です。ジャガイモの花は花びらが〔　A　〕枚の_B{離弁花　合弁花}で，星型をしています。

④　図4はジャガイモの葉の様子，図5は図4のようなジャガイモなどナス科の植物の葉をえさとする〔　　〕です。

図2

図3

図4

図5

582　①　A　茎
　　　　B　でんぷん

◆ポイント◆　ジャガイモのでんぷんを顕微鏡で観察すると右図のようになっています。

②　A　くぼみ
　　B　芽のつけ根
③　A　5
　　B　合弁花

🍃 ジャガイモ（ナス科）

合弁花/双子葉類/被子植物/種子植物 虫媒花/両性花/有胚乳種子	
がく	5枚
花びら	5枚
おしべ	5本
めしべ	1本

◆ポイント◆　ナス科はほかにトマト，ピーマン，トウガラシなどがあり，双子葉植物ですが有胚乳種子をつくります。

④　ニジュウヤホシテントウ

☒583 エンドウ（マメ科）について

① 図1はエンドウの花のつくりを示しています。エンドウの花はがくが〔 A 〕枚，花びらは〔 B 〕種類で合計〔 C 〕枚，おしべが〔 D 〕本です。

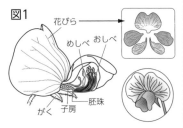

図1
花びら
めしべ おしべ
がく
子房
胚珠

② エンドウは目立つ花びらを持ちますが，めしべとおしべが花びらによって完全に包まれているため，〔　　　〕を行います。

③ 図2のエンドウのように，マメ科の植物はつる性のものが多く，また，先端に見られる巻きひげは〔　　　〕が変化したものです。

図2
巻きひげ

④ エンドウを育てるとき，A{春 夏 秋 冬}に種まきをします。発芽後，葉をつけたまま冬を越し，B{春 夏 秋 冬}に花が咲き，C{春 夏 秋 冬}のはじめに果実ができます。

⑤ 図3はエンドウの種子と発芽の様子です。図4はエンドウのスプラウトである〔 A 〕で，食用にされます。図5はエンドウの果実で，さやの中に種子ができます。食用にされるエンドウは〔 A 〕以外に，未熟な果実を食べる〔 B 〕や，さやから未熟な種子を取り出して食べる〔 C 〕などがあります。

図3

図4　　図5

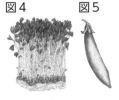

⑥ 図6はマメ科の植物の様子です。ゲンゲはレンゲソウとも呼ばれ，春の田んぼなどでよく見られます。マメ科の植物の根には，肥料である窒素を供給してくれる根粒菌が共生しているので，ゲンゲは〔 A 〕として使われます。シロツメクサは〔 B 〕とも呼ばれます。クズとハギは，〔 C 〕の七草です。

図6

ゲンゲ　シロツメクサ　クズ　ハギ

166

583 ① A 5
B 3
C 5
D 10

エンドウ（マメ科）

| 離弁花/双子葉類/被子植物/種子植物 | |
虫媒花/両性花/無胚乳種子	
がく	5枚
花びら	5枚
おしべ	10本（9＋1）
めしべ	1本

◆ポイント◆ エンドウの10本のおしべのうち，9本はまとまっており，残りの1本はおしべのやくがめしべの柱頭につきやすい位置にあります。

② 自家受粉

◆ポイント◆ エンドウは昆虫が花の中に入れない構造になっているため，基本自家受粉を行いますが，マメ科の中には昆虫が花の中に入り受粉を行うものもあります。

③ 葉
④ A 秋
B 春
C 夏
⑤ A 豆苗
B さやえんどう
C グリーンピース

◆ポイント◆ カイワレダイコンやもやしのように育てたものをスプラウトといいます。

⑥ A 緑肥
B クローバー
C 秋

◆ポイント◆ 秋の七草はほかに，オミナエシ・ススキ・キキョウ・ナデシコ・フジバカマがあります。

⊠584　ヘチマ (ウリ科) について

① 図1と図2のヘチマの花のうち，どちらがめ花でどちらがお花ですか。

② ①の答えになるのはなぜですか。

図1　　　図2

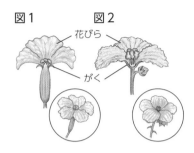

花びら

がく

③ ヘチマを育てるときは，A{春 夏 秋 冬}に種まきをします。つるをのばし，どんどん大きくなり，B{春 夏 秋 冬}に花を咲かせた後，果実ができます。図3のように，ヘチマは巻きひげを支柱に巻きつかせて成長します。この巻きひげは〔　C　〕が変化したものです。果実ができた後，〔　D　〕で冬越しをします。

図3

巻きひげ

④ 次のA～Eは，ウリ科の植物の様子です。A～Eの植物の名前をそれぞれ答えなさい。

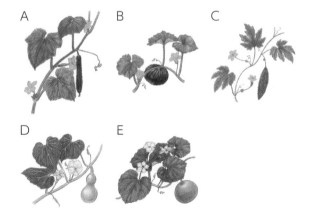

A　　　　B　　　　C

D　　　　E

584　① め花 図1　お花 図2

② 図1は果実になるめしべの子房が大きくふくらんでいるから。

🍃 ヘチマ (ウリ科)

双子葉類/被子植物/種子植物 虫媒花/単性花/無胚乳種子	
がく	5枚
花びら	5枚
おしべ	5本 (お花のみ)
めしべ	1本 (め花のみ)

◆ポイント◆　ヘチマは離弁花に分類されますが，花びらが根元でくっついているため合弁花とされることもあります。

③ A　春
　 B　夏
　 C　茎
　 D　種子
④ A　キュウリ
　 B　カボチャ
　 C　ツルレイシ (ゴーヤー)
　 D　ヒョウタン
　 E　ユウガオ

□585 タンポポ（キク科）について

① 図1はタンポポの花の様子を示しています。このように，タンポポは小さな花がたくさん集まっている頭状花で，〔 A 〕で全体が包まれています。1つの花を見ると，がくは多数あり〔 B 〕とも呼ばれます。花びらは〔 C 〕枚の D{離弁花 合弁花}で，花びらが舌のようであることから舌状花と呼ばれます。

図1

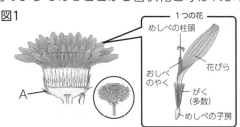

- 1つの花
- めしべの柱頭
- 花びら
- おしべのやく
- がく（多数）
- めしべの子房

A

② 図2のタンポポは総苞が反り返っていることから A{在来種 外来種}の〔 B 〕だと分かります。

図2

③ 図3はタンポポの果実と綿毛の様子です。タンポポの花は A{風媒花 虫媒花}で，受粉し果実ができる頃には〔 B 〕が綿毛になり，〔 C 〕によって遠くへ飛ばされやすくなります。

図3

④ 図4はタンポポの冬越しの姿で〔　　〕といいます。

⑤ 次のA～Eのキク科の植物の名前を答えなさい。また，A～Cは花の咲く季節，DとEは植物のどの部分を食べているかを答えなさい。

図4

A

B

C

D

E

585 ① A 総苞
B 冠毛
C 5
D 合弁花

 タンポポ（キク科）

合弁花 / 双子葉類 / 被子植物 / 種子植物
虫媒花 / 両性花 / 無胚乳種子

がく	多数
花びら	5枚
おしべ	5枚
めしべ	1本

② A 外来種
B セイヨウタンポポ
③ A 虫媒花
B がく
C 風
④ ロゼット
⑤ A キク・秋
B コスモス・秋
C ヒマワリ・夏
D レタス・葉
E ゴボウ・根

◆ポイント◆ キク科はほかにハルジオン，ヒメジョオン，ダリアなどがあります。総苞は複数の花を束ねている部分であり，がくとは異なります。在来種であるカントウタンポポは，下図のように総苞が反り返っていません。

総苞

□586　イネ（イネ科）について
　① 図1はイネの花のつくりを示しています。イネの花はがくと花びらがなく，おしべが〔　　　〕本あります。
　② 下の図2はイネと同じイネ科のトウモロコシの花のつくりを示しています。イネは_A{両性花　単性花}ですが，トウモロコシは_B{両性花　単性花}です。

図1　イネ

おしべ
えい
柱頭
子房
めしべ
えい

図2　トウモロコシ

柱頭
花柱
めしべ
子房
おしべ
えい

□587　チューリップ（ユリ科）について
　① 右の図1はチューリップの花を示しています。チューリップのがくは〔　A　〕枚で花びらのようになっています。花びらは〔　B　〕枚，おしべは〔　C　〕本です。
　② チューリップは〔　　　〕の変化によって，下の図2のように花が開閉します。
　③ チューリップは種子でもふえますが，ふつう下の図3のように〔　A　〕でふえます。また_B{単子葉　双子葉}類であるチューリップの根は〔　C　〕になっています。

図1

花びら
がく
めしべ
おしべ

図2

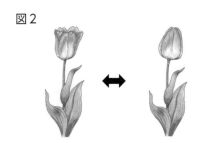

図3

586　① 6
　　② A　両性花　B　単性花

イネ（イネ科）

単子葉類/被子植物/種子植物 風媒花/両性花/有胚乳種子	
がく	なし
花びら	なし
おしべ	6本
めしべ	1本

トウモロコシ（イネ科）

単子葉類/被子植物/種子植物 風媒花/単性花/有胚乳種子	
がく	なし
花びら	なし
おしべ	3本（お花のみ）
めしべ	1本（め花のみ）

◆ポイント◆　イネ科はほかにムギ，ササ，タケ，エノコログサ，ススキなどがあります。

587　① A　3
　　　　B　3
　　　　C　6
　　② 気温
　　③ A　球根
　　　　B　単子葉
　　　　C　ひげ根

チューリップ（ユリ科）

単子葉類/被子植物/種子植物 虫媒花/両性花/有胚乳種子	
がく	3枚
花びら	3枚
おしべ	6本
めしべ	1本

◆ポイント◆　ユリ科はほかにオニユリ，ヤマユリ，カタクリなどがあります。

第4章　生物

☒588 ①～㉚の植物を花が咲く季節が分かるように並べました。①～㉚の植物の名前は何ですか。

2月
3月
4月
5月
6月
7月
8月
9月
10月
11月
12月
1月
2月
①
早春から花が咲く単子葉類でヒガンバナ科。
②
裸子植物。春の花粉症の原因となる。
③
合弁花で花びらは5枚。
④
花のうしろに「距」という蜜をためておく袋がある。
⑤
青色の小さな花を咲かせる。
⑧
単子葉類で3枚のがくは花びらのように見える。
⑨
キク科で地下の根で冬越しする。
⑩
名前の通り夜に黄色の花を咲かせる。
⑪
双子葉類だが，有胚乳。花びらのように見えるのはがく。
⑫
単子葉類で3枚のがくは花びらのように見える。
⑰
実は自らはじけて種子を散布する。
⑱
ナス科。同じ仲間にピーマンやジャガイモがある。
⑲
単子葉類でイネ科。「ねこじゃらし」とも呼ばれる。
⑳
秋の七草の1つで紫色の花を咲かせる。絶滅が心配されている。
㉒
キク科で外来種。根から他の植物の成長を妨げる物質を出す。
㉓
単子葉類で赤色の花を咲かせる。
㉔
常緑樹で橙色の花を咲かせる。花には独特の強い香りがある。
㉕
キク科で外来種。秋の花粉症の原因となる。
㉘
バラ科で常緑樹。白色の花を咲かせる。

⑥ キク科。つぼみが垂れ下がっている。

⑦ つる性の植物でマメ科。紫色の花を咲かせる。

⑬ ヒトなどに踏まれることに強い。ロゼットで冬越しする。

⑭ キク科でハルジオンと似ている。茎の中が空洞ではなくつまっている。

⑮ 低木の落葉樹。花びらのように見えるのはがく。

⑯ 単子葉類で花びらは3枚。青色の花を咲かせる。

㉑ キク科で漢字では「秋桜」と書く。

㉖ ツバキ科。秋の終わりから冬に花を咲かせる。

㉗ 秋の七草の1つでイネ科。「尾花」とも呼ばれる。

㉙ 白色の花を咲かせる鳥媒花。葉の先は7つか9つに分かれる。

㉚ 冬の終わりから春にかけて花を咲かせる。

◆ポイント◆ 3〜5月が春，6〜8月が夏，9〜11月が秋，12月〜2月が冬とされます。

第4章 生物

オキシドール

オキシドールは約3％の濃度の過酸化水素（液体）を含む消毒薬です。オキシドールはほぼ中性です。傷口にオキシドールをつけると，血液などに含まれるカタラーゼという酵素が触媒としてはたらき，含まれる過酸化水素が酸素と水に分解され，さかんに泡立ち，消毒されます。

アルコール消毒液

ウイルスや菌などを殺す消毒薬としてアルコール（エタノール）水が利用されています。アルコールは特有のにおいがあり，気化しやすく，可燃性のある液体で，中性で電気は通しません。燃焼すると二酸化炭素と水になります。

虫刺され薬

虫刺され薬にはアンモニアが含まれています。アンモニアは刺激臭のある，空気より軽い（約0.6倍）気体で，水に非常によく溶け，液性はアルカリ性です。BTB液は青色，フェノールフタレイン液は赤色，ムラサキキャベツ液は黄緑色になります。

トイレ用洗剤

トイレ用の酸性洗剤には塩酸が含まれます。この酸性のトイレ用洗剤は塩素系漂白剤と混ぜると，有毒なガスが発生するため，扱いには注意が必要です。使用するときはゴム製の手袋などを使い，直接肌につかないようにしましょう。

石けん

石けんは弱アルカリ性で，油分と水酸化ナトリウムを材料にしてつくられます。水酸化ナトリウムは油分と反応し脂肪酸ナトリウムという界面活性剤の1つになります。また，衣類の洗剤にはたんぱく質などの汚れを落とす，強いアルカリ性の水酸化ナトリウムがよく使われます。

【汚れが落ちるしくみ】

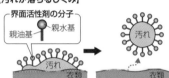

界面活性剤の分子
親油基　親水基
汚れ
衣類

石けんなどに含まれる界面活性剤の分子が汚れに取り付き，衣類などから汚れを浮き上がらせることで汚れが落ちます。

塩素系漂白剤

塩素系漂白剤には次亜塩素酸ナトリウムが含まれます。次亜塩素酸ナトリウムの液体である次亜塩素酸ナトリウムの固体であるクエン酸や食酢などと混ぜてもいけません。の液性は強いアルカリ性で，酸性の液体と混ぜると有毒なガスが発生するため，扱いには注意が必要です。塩素が含まれるトイレ用洗剤だけでなく，クエン酸や食酢などと混ぜてもいけません。

ペットボトル（炭酸飲料）

ペットボトルに使われているプラスチックは本体がポリエチレンテレフタラート（PET），ふたがポリプロピレン（PP）やポリエチレン（PE）と種類が異なります。圧力をかけて二酸化炭素を溶かしている炭酸飲料では，その圧力に耐えるためペットボトルは丸く厚くなっています。

みりん

みりんはアルコールを含んだ酒類調味料です。もち米と米麹を原料にして，麹が出す酵素によってブドウ糖などの甘みや，アミノ酸などの旨味のもとになる物質ができます。本みりんのアルコール濃度は14％程です。

レモン汁

レモン汁を口にすると酸っぱいのは，クエン酸が多く含まれるためです。弱酸性のクエン酸は，レモン汁以外でも梅干しなどにも多く含まれ，酸性の洗剤として水あかなどをとかすのに利用されることもあります。

水あめとラムネ菓子

水あめの原料はでんぷんで，でんぷんを酵素で麦芽糖に分解させてつくります。また，ラムネ菓子はいろいろな種類がありますが，ブドウ糖やショ糖（砂糖）にでんぷんを加えてかためた菓子で，クエン酸が含まれるものもあります。

食酢

食酢は弱酸性で酢酸が含まれており，刺激臭があります。米や麦，果実などの食材を原料にした発酵食品です。食材に含まれるでんぷんや糖を酵母によってアルコールに変化させ，アルコールをさらに発酵させて酢酸をつくります。

胃薬

胃薬には炭酸水素ナトリウムなどの，水に溶けると液性がアルカリ性になる成分が含まれ，胃酸（塩酸）を中和させるはたらきがあります。また，胃薬の種類によってはタンパク質や脂肪などを分解する消化酵素が含まれるものもあります。

ホットケーキ

ホットケーキは小麦粉に卵や砂糖，ベーキングパウダーなどを混ぜ，それを焼いてつくります。ベーキングパウダーには重そう（炭酸水素ナトリウム）が含まれ，加熱されると二酸化炭素が発生するためふくらみます。バターやメープルシロップ（サトウカエデなどの樹液）をかけて食べます。

ポテトチップス

ポテトチップスのようなお菓子の袋の中は窒素で満たされており，中身が酸化して味が変わることなどを防いでいます。また，袋自体も多層の構造になっていて，内側はアルミニウムでおおわれたポリエチレンなどでできており，外から光が入ってくることなどを防いでいます。

第 Ⅲ 部

計算理科

　第Ⅲ部は，典型的な理科の計算問題です。

　計算問題は，解答を赤いシートでかくしてノートに解きましょう。右ページには「ポイント」が載っています。解き方が分からない場合は，こちらを確認しましょう。

第1節　化学の計算

⊠589　**熱量計算**

※1gの水の温度を1℃上昇させるのに必要な熱量を1カロリーとします。

①　10℃の水50gと40℃の水100gを混ぜると〔　　　〕℃になります。

②　40℃の水200gと〔　　　〕℃の水300gを混ぜると70℃になります。

③　5℃の水〔　　　〕gと85℃の水100gを混ぜると25℃になります。

589　① 30
② 90
③ 300

⊠590　**気体の発生**

8gの石灰石に一定の濃さの塩酸を加えていき，発生した二酸化炭素の体積を調べてグラフにまとめました。

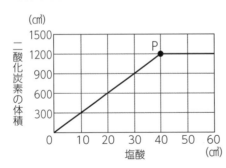

①　16gの石灰石に同じ濃さの塩酸を60cm³加えると，発生する二酸化炭素の体積は何cm³になりますか。

②　3gの石灰石に同じ濃さの塩酸を20cm³加えると，発生する二酸化炭素の体積は何cm³になりますか。

590　① 1800cm³
② 450cm³

589 ①　水の温度と水の量（重さ）をかけたものが，その水の持つ（0℃を基準としたときの）熱量です。

$$10℃の水が50g → 10×50＝500カロリー$$
$$40℃の水が100g → 40×100＝4000カロリー$$

合計
4500カロリー

　　　この4500カロリーを合計の水150gで分け合うので，4500÷150＝30（℃）となります。以上の計算を式にまとめると，次のようになります。

$$(10×50+40×100)÷(50+100)＝30（℃）$$

　　　また，右のような解き方でも求めることができます。

②　混ぜたあとの水は70℃で合計500gになっています。
ここから混ぜる前の状態に逆算すると，

$$(70×500-40×200)÷300＝90（℃）$$となります。

　　　また，①と同様に右のように解くこともできます。

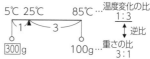

③　85℃の水100gが25℃になるまで，(85-25)×100＝6000（カロリー）失っています。この熱量を5℃の水が受け取り，25℃になっています。

　　　よって，水の量は6000÷(25-5)＝300（g）となります。

　　　また，①と同様に右のように解くこともできます。

5℃ 25℃　　　85℃　…温度変化の比
　1　 3　　　　　　　1:3
　　　　　　　　　　　↕逆比
300g　　　　100g …重さの比
　　　　　　　　　　　3:1

590　グラフが折れ曲がっている点Pは，石灰石と塩酸が過不足なく反応する分量を示しています。つまり，石灰石8gに対し，塩酸40cm³が反応し，二酸化炭素が1200cm³発生します。

①　石灰石の量が2倍になったのに対し，塩酸の量は1.5倍にしかなっていません。したがって，塩酸は60cm³すべてが使われますが，石灰石は12gが使われて4gが余ることになります。

②　点Pの量に対し，石灰石は$\frac{3}{8}$倍，塩酸は$\frac{1}{2}$倍になっているので，石灰石がすべて反応し，塩酸が余ることが分かります。よって，二酸化炭素は$1200×\frac{3}{8}＝450$（cm³）発生します。

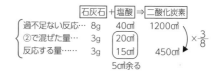

第Ⅲ部　計算理科

⊠591　金属の燃焼

いろいろな量の鉄粉や銅粉を燃やし，燃焼前と燃焼後の重さを調べてグラフにまとめました。

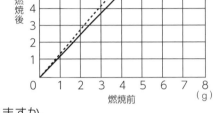

① 鉄粉10gを燃焼させると何gの酸化鉄が得られますか。

② 銅粉10gを燃焼させるには何gの酸素が必要ですか。

③ 同じ量の酸素と結びつく銅粉の重さは鉄粉の重さの何倍ですか。

591　① 14g
　　② 2.5g
　　③ 1.6倍

⊠592　水溶液の濃度

① 水100gに食塩25gを溶かした食塩水の濃さは何％ですか。

② 35％塩酸100gを5倍に薄める場合，水を何g加えればよいですか。

③ ②で薄めたあとの塩酸の濃さは何％になりますか。

592　① 20％
　　② 400g
　　③ 7％

⊠593　溶解度

下の表は，食塩とホウ酸の溶解度（各水温で100gの水に溶ける量）を示しています。

① 80℃の水100gにホウ酸を20g溶かしました。これを40℃まで冷やすと，結晶が何g出てきますか。

② 20℃の水240gにホウ酸を溶けるだけ溶かしました。これを60℃まであたためると，さらに何gのホウ酸を溶かせるようになりますか。

③ 80℃の飽和食塩水が500gあります。80℃の水温を保っておいたら，やがて水が50g蒸発しました。このとき，食塩の結晶が何g出てきますか。

593　① 11.1g
　　② 24.0g
　　③ 19.0g

水温（℃）	0	20	40	60	80	100
食塩（g）	35.6	35.8	36.3	37.1	38.0	39.3
ホウ酸（g）	2.8	4.9	8.9	14.9	23.5	38.0

591 金属粉が燃焼(酸化)すると, 結びついた酸素の分だけ重さが重くなります。グラフより, 鉄と銅の重さの変化を読み取ると, 右のようになります。

$$\boxed{鉄} + \boxed{酸素} \Rightarrow \boxed{酸化鉄}$$
5g + 2g = 7g
$$\boxed{銅} + \boxed{酸素} \Rightarrow \boxed{酸化銅}$$
4g + 1g = 5g

① 鉄の重さが上の値の2倍になっているので, 酸化鉄も2倍になります。

$$\boxed{鉄} + \boxed{酸素} \Rightarrow \boxed{酸化鉄}$$
2倍 ⌒ 5g + 2g = 7g
10g 4g $\boxed{g}$
… 7×2=14g

② 銅の重さが上の値の2.5倍になっているので, 結びつく酸素の重さも2.5倍になります。

$$\boxed{銅} + \boxed{酸素} \Rightarrow \boxed{酸化銅}$$
2.5倍 ⌒ 4g + 1g = 5g
10g $\boxed{g}$ 12.5g
… 1×2.5=2.5g

③ 酸素の重さをそろえて, 反応する鉄と銅の重さを比べます。

鉄5g + 酸素2gで反応　　　銅8g + 酸素2gで反応

よって, 同じ重さの酸素に結びつく銅は, 鉄に対して 8÷5＝1.6(倍)となります。

---

592 ① 水溶液の濃度(重量パーセント濃度)とは, 水溶液全体の重さに対して溶けている物質(溶質)の重さの割合を百分率で表します。よって, 次の式で求めることができます。

$$濃度(\%) = \frac{溶質の重さ}{水の重さ+溶質の重さ} \times 100$$

よって, 水100gに食塩25gを溶かした食塩水の濃度は, $\frac{25}{100+25} \times 100 = 20\,(\%)$ となります。

② 「5倍に薄める」というのは, 水溶液に水を加えて全体量を5倍にするという意味です。よって, 元の水溶液①に対して, 水を④加えて全体量を⑤にします。
また, このとき水溶液の濃度は $\frac{1}{5}$ 倍になります。
塩酸100gを5倍に薄めるので, 水を400g(＝400㎤)加えます。

③ 5倍に薄めたので, 濃度は $\frac{1}{5}$ 倍になります。よって, $35 \times \frac{1}{5} = 7\,(\%)$ になります。

---

593 ① 40℃まで冷やしたとき, 水100gにホウ酸は8.9gまで溶けます。よって, 20－8.9＝11.1(g)の結晶が生じます。

② 水100gの場合, ホウ酸は20℃で4.9g溶け, 60℃で14.9g溶けます。よって, 20℃から60℃まであたためると, ホウ酸はさらに14.9－4.9＝10.0(g)溶かせます。
問いでは水240gの場合なので, $10.0 \times \frac{240}{100} = 24.0\,(g)$ となります。

③ 水温が80℃のままで変化せずに水が50g減っているので, この分の水に溶けていた食塩が結晶になります。よって, $38.0 \times \frac{50}{100} = 19.0\,(g)$ となります。

第Ⅲ部 計算理科

☒594　溶解度曲線

右のグラフは物質A
〜Dの溶解度曲線を示
しています。

① 60℃の水 100gに多
く溶ける順にA〜D
の記号を並べなさい。

② ビーカー4つに80℃
の水を100gずつ入れ，
それぞれにA〜Dを溶
けるだけ溶かしまし
た。これらをすべて
20℃まで冷やしたとき，結晶が多く出てくるものから順
にA〜Dの記号を並べなさい。

③ ビーカー4つに80℃の水を100gずつ入れ，それぞ
れにA〜Dを50gずつ溶かしました。これらの温度を
同じように下げていったとき，結晶が早く出てくるも
のから順にA〜Dの記号を並べなさい。

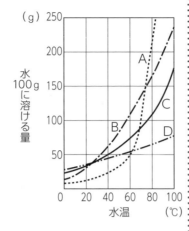

594
① B＞C＞D＞A
② A＞B＞C＞D
③ A→D→C→B

☒595　完全中和と比べる

塩酸Aと水酸化
ナトリウム水溶液B
を混ぜ合わせ，過不
足なく中和するとき
の分量の関係を調
べてグラフにすると，
右図のようになりま
した。

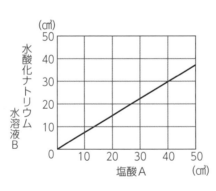

① A 30cm³を中和するためにはBを何cm³加えればよいで
すか。

② A 30cm³とB 20cm³の混合液を中和するには，A・Bど
ちらを何cm³加えればよいですか。

③ A 30cm³とB 24cm³の混合液を中和するには，A・Bど
ちらを何cm³加えればよいですか。

④ A 40cm³に水 40cm³を加えて薄めました。これを中和す
るには，Bを何cm³加えればよいですか。

595
① 22.5cm³
② B を 2.5cm³
③ A を 2 cm³
④ 30cm³

178

◆ポイント◆

594 ① 右図のように, 60℃のときの値を比べます。例えば,
Bが最も多く溶け, およそ110g溶けることが分かります。

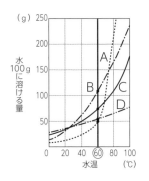

② A〜Dの出てくる結晶の重さを読み取り, 比べます。
例えばAの場合, 右図のように80℃のときのAの溶ける
重さと20℃のときのAの溶ける重さの差が, 出てくる結
晶の重さになります。B〜Dも同じように出てくる結
晶の重さを調べ, 比べます。

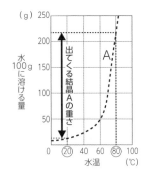

③ 右図のように, 溶ける量が50gの高さでグラフ
を読み取ります。

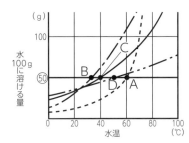

---

595 ① グラフより, A：B＝4：3で過不足なく中和することが分かります。
よって, $30 \times \dfrac{3}{4} = 22.5$（㎤）

③
A液	B液
混ぜた量 30㎤	と 24㎤
中和… 32㎤	と 24㎤

⇩
あと2㎤必要

[別解]
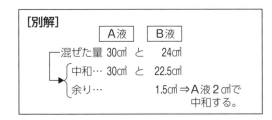

④ 水で薄めていますが, 薄めた液には元のAが40㎤含まれています。よって, 中和す
るにはBを30㎤加えます。

第Ⅲ部　計算理科

☒596 中和計算

塩酸C 50㎤と水酸化ナトリウム水溶液D 50㎤を混ぜ合わせるとちょうど中性になり，これを熱して水分を蒸発させると固体が 5.8 g 残りました。また， D 50㎤を熱して水分を蒸発させると固体が 4 g 残りました。

① C 150㎤とD 100㎤を混ぜ合わせ，熱して水分を蒸発させると何 g の固体が残りますか。

② C 100㎤とD 150㎤を混ぜ合わせ，熱して水分を蒸発させると何 g の固体が残りますか。

596 ① 11.6 g
  ② 15.6 g

☒597 中和のグラフ

① 塩酸E 90㎤に水酸化ナトリウム水溶液 F を加えて，熱して水分を蒸発させた後に残る固体の重さを調べ，下の表にまとめました。下の表の空欄を埋め，この結果をグラフに表し，過不足なく中和する点を●で示しなさい。

塩酸E (㎤)	90	90	90	90	90	90
水酸化ナトリウム水溶液 F (㎤)	0	30	60	90	120	150
残った固体の重さ (g)		6	12	18	22	26

② 水酸化ナトリウム水溶液 F 90㎤に塩酸Eを加えて，熱して水分を蒸発させた後に残る固体の重さを調べ，下の表にまとめました。下の表の空欄を埋め，この結果をグラフに表し，過不足なく中和する点を●で示しなさい。

水酸化ナトリウム水溶液 F (㎤)	90	90	90	90	90	90
塩酸E (㎤)	0	30	60	90	120	150
残った固体の重さ (g)		14	16	18	18	18

597 ① 空欄の値　0

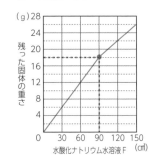

② 空欄の値　12

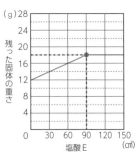

◆ポイント◆

596 まずは条件を整理します。

	C液	D液	固体
中和…	50cm³ と	50cm³	⇒ 5.8g（食塩）
		50cm³	⇒ 4.0g（水酸化ナトリウム）

①
	C液	D液	固体
混ぜた量	150cm³ と	100cm³	
中和…	100cm³ と	100cm³	⇒ 11.6g（食塩）
余り…	50cm³		⇒ 固体は生じない

②
	C液	D液	固体
混ぜた量	100cm³ と	150cm³	
中和…	100cm³ と	100cm³	⇒ 11.6g（食塩） }
余り…		50cm³	⇒ 4.0g（水酸化ナトリウム） } 合計 15.6g

---

597 段階を追って, 状態を考えてみましょう。

① A：はじめは塩酸だけなので固体は含まれていません。

B：水酸化ナトリウム水溶液を加えていくと, 中和によって食塩が増えていきます。

C：中和点です。グラフが折れ曲がります。

D：追加した水酸化ナトリウム水溶液に含まれている固体の分, 重さが増えていきます。

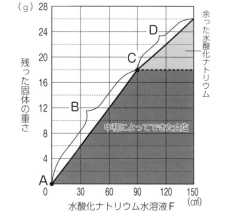

② A：はじめに入れた水酸化ナトリウム水溶液に含まれている固体の重さです。

B：塩酸を加えていくと, 水酸化ナトリウムは減り, 中和によって食塩が増えていきます。

C：中和点です。グラフが折れ曲がります。

D：追加した塩酸には固体が含まれていないため, 固体の重さは一定になります。

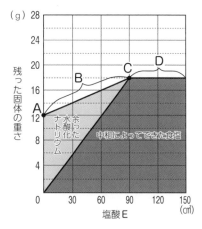

181

第Ⅲ部　計算理科

第2節　地学の計算

☒ 598　日の出と日の入りの計算

※地軸の傾きは公転軸に対して 23.4 度とします。

　ある日，日本のある地点での日の出の時刻は 6 時 46 分，日の入りの時刻は 16 時 34 分，太陽の南中高度は 31.6 度でした。

① 昼の長さは何時間何分ですか。

② この日は {春分　夏至　秋分　冬至} です。

③ 太陽の南中時刻は何時何分ですか。

④ この地点は東経 〔　　　〕 度です。

⑤ この地点は北緯 〔　　　〕 度です。

598
① 9 時間 48 分
② 冬至
③ 11 時 40 分
④ 140
⑤ 35

☒ 599　時差の計算

　日本が 1 月 1 日午前 0 時のとき，次の①・②の地点はそれぞれ何月何日何時ですか。

① グリニッジ（本初子午線が通っている）

② ロサンゼルス（西経 120 度を基準としている）

599
① 12 月 31 日午後 3 時
② 12 月 31 日午前 7 時

598 ① 日の出から日の入りまでの時間を
求めます。16:34－6:46＝ 9時間48分

③ 南中は日の出と日の入りのちょう
ど真ん中なので, 日の出から昼の長さ
の半分の長さ進んだ時刻を求めます。
9時間48分÷2＝4時間54分
6:46＋4時間54分＝ 11:40

［別解］ 日の出と日の入りの平均が太
陽の南中時刻になります。
(6:46＋16:34)÷2＝ 11:40

④ 日本標準時子午線である東経135度
で太陽が正午に南中するので, この地
点は東経135度より20分南中時刻が早
いことが分かります。
経度が1度ずれると南中時刻は4分ずれます。1度×20分÷4分＝5度より, 5度
経度が異なることが分かります。東の方が南中時刻が早いので, 135＋5＝140より,
東経140度 となります。

⑤ 冬至の日の太陽の南中高度は, 「90－緯度－23.4」で求まります。90－緯度－23.4＝
31.6なので, 緯度＝90－(31.6＋23.4)＝35より, 北緯35度 となります。

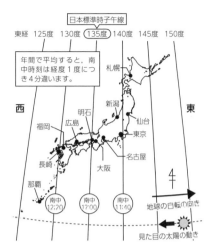

● 経度と太陽の動き ●
・太陽は1日(24時間)で360度動く。
・1時間(60分)で360÷24＝15度動く。
・1度動くのにかかる時間は, 60÷15＝4分
このことから, 経度にして1度動くのに,
太陽は4分ほどかかることが分かります。

599 ① 本初子午線が通るグリニッジ(経度0
度)は日本より135度西になり, 時刻は
9時間遅れているので, 24－9＝15(時)
→ 12月31日午後3時 です。

② ロサンゼルス(西経120度)は, 日本か
ら105度東になります。よって, 時刻は
7時間進んでいるので午前7時になり
ます。しかし, このとき日付変更線を西
から東にまたぐので, 日付は1日前の
12月31日午前7時 になります。

［別解］ ロサンゼルスは日本から255度西
にあるので, 時刻は17時間遅れます。

・時刻は経度が15度東にずれると1時間進
み, 西にずれると1時間遅れる。
・東経・西経180度には日付変更線があり,
西から東に東経側から西経側へまたぐと
1日前の日付になる。

⊠**600　星の日周運動と年周運動**

　ある星Sが，10月10日午前3時に下図のアの位置に
見えました。次の①〜③のとき，それぞれ星Sはア〜シ
のどの位置に見えますか。

① 　10月9日午後11時

② 　2月10日午前3時

③ 　8月9日午後9時

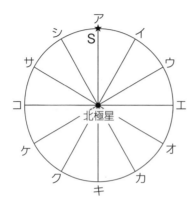

⊠**601　湿度の計算**

① 　気温20℃・湿度40%のとき，空気1㎥中に含まれる
　水蒸気の量は何gですか。(四捨五入して整数で答える)

② 　①の空気の温度が11℃まで下がると，湿度は何%に
　なりますか。①の答えを使って計算しなさい。

③ 　気温17℃・湿度80%のとき、空気の温度が何度まで
　下がると水滴が出てきますか。表の値で答えなさい。

気温 (℃)	10	11	12	13	14	15	16	17	18	19	20
飽和水 蒸気量 (g/㎥)	9.4	10.0	10.7	11.3	12.1	12.8	13.6	14.5	15.4	16.3	17.3

600 ① アの位置の4時間前なので, 15×4＝60度戻った ウ の位置になります。

② アの位置の4か月後なので, 30×4＝120度進んだ ケ の位置になります。

③ アの位置から, 時刻→日付の順で動かします。
午後9時は午前3時の6時間前なので, 15×6＝90度戻った エ の位置になります。
8月9日は10月10日の2か月前なので, 30×2＝60度, エの位置からさらに戻った カ の位置になります。

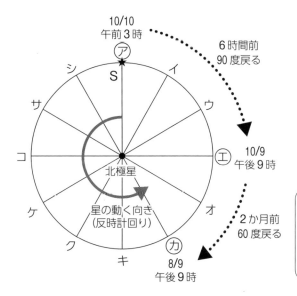

── ● 北の空の星の動き ● ──
・北極星を中心に反時計回りに動く。
・1日(24時間)で1回転(360度)動くため, 1時間に15度動く。
・1年(12か月)で1回転(360度)動くため, 1か月に30度動く。
※南の空では星は時計回りに動きます。

---

601 ① 表から, 20℃のときの飽和水蒸気量は17.3g/㎥なので, 湿度40%のとき,
17.3×0.4＝6.92 → 四捨五入して 7g と求まります。

② 11℃での飽和水蒸気量は10.0g/㎥なので, $\frac{7}{10}$ ×100＝ 70(%) と求まります。

③ 気温17℃・湿度80%のときの水蒸気量は, 14.5×0.8＝11.6g/㎥なので, 13℃ まで下がると飽和水蒸気量が空気1㎥中に含まれる水蒸気の量を下回り, 水滴が出てくることが分かります。

第3節　物理の計算

☒602　てこの計算　その1

　　長さ60cmの棒を使って，図1〜図4のようにつり合わせました。A〜Gに当てはまる数を答えなさい。ただし，棒の重さは考えません。

図1

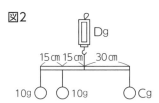

図2

図3

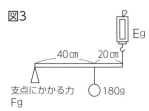

図4

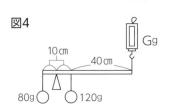

☒603　てこの計算　その2

　　長さ60cmの棒を使って，図1〜図3のようにつり合わせました。A〜Fに当てはまる数を答えなさい。ただし，棒の重さは考えません。

図1

図2

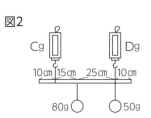

図3

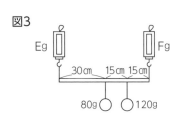

602		
	A	80
	B	200
	C	15
	D	35
	E	120
	F	60
	G	8

603		
	A	75
	B	25
	C	50
	D	80
	E	70
	F	130

◆ポイント◆

602 以下のように解くことができます。

図1
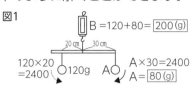
B ＝120＋80＝200(g)
120×20 ＝2400 ○120g A○ A×30＝2400 A＝80(g)
20cm 30cm

図2
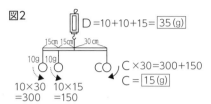
D ＝10＋10＋15＝35(g)
10g 10g C○ C×30＝300＋150 C＝15(g)
10×30 ＝300 10×15 ＝150
15cm 15cm 30cm

図3
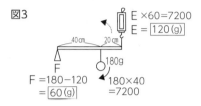
E ×60＝7200 E＝120(g)
F○ ○180g
F ＝180−120 ＝60(g) 180×40 ＝7200
40cm 20cm

図4
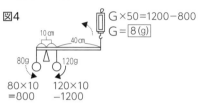
G ×50＝1200−800 G＝8(g)
80g○ ○120g
80×10 ＝800 120×10 −1200
10cm 40cm

---

603 支点(▲)の位置を定め，以下のように解くことができます。

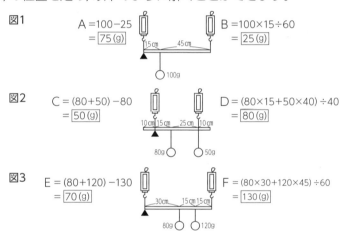

図1
A ＝100−25 ＝75(g)   B ＝100×15÷60 ＝25(g)
15cm 45cm
○100g

図2
C ＝(80＋50)−80 ＝50(g)   D ＝(80×15＋50×40)÷40 ＝80(g)
10cm 15cm 25cm 10cm
80g ○50g

図3
E ＝(80＋120)−130 ＝70(g)   F ＝(80×30＋120×45)÷60 ＝130(g)
30cm 15cm 15cm
80g ○120g

[別解] おもりから２つのばねばかりまでの距離の比と，ばねばかりにかかる力の比が逆比の関係になります。この関係を利用して解くこともできます。

図1
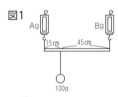
Ag   Bg
15cm 45cm
100g

{ 15：45＝1：3…距離の比
A：B＝3：1…力の比
A ＝100×\frac{3}{3+1}＝75(g)
B ＝100−75＝25(g)

図2
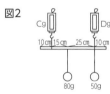
Cg   Dg
10cm 15cm 25cm 10cm
80g 50g

左のおもり(80g)について，距離の比が15：25＝3：5力の比が5：3であるためCには50g，Dには30gかかっています。

Cには左のおもりによる力がかかり，50gを示します。
Dには左のおもりによる30gと，右のおもりの重さ50gがかかり，80gを示します。

図3
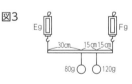
Eg   Fg
30cm 15cm 15cm
80g ○120g

左のおもり(80g)はEとFに等しい力をかけているため，どちらも40gかかっています。
右のおもり(120g)は距離の比が45：15＝3：1であるため，EとFに1：3の力をかけており，Eには30g，Fには90gかかっています。
よって，
Eにかかる力は40＋30＝70(g)
Fにかかる力は40＋90＝130(g)です。

第Ⅲ部 計算理科

187

☒604　てこの計算　その３

　　長さ 60㎝の棒を使って，下図のようにつり合わせまし
た。Ａ・Ｂに当てはまる数を答えなさい。ただし，棒の
重さは考えません。

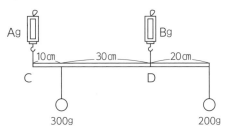

☒605　棒の重心を考える

①　長さ 60㎝で太さが一様な棒の中心をばねばかりでつ
るすと，図１のようになりました。図２のＡ・Ｂに当
てはまる数を答えなさい。

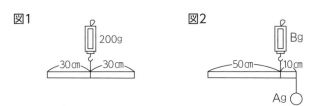

②　長さ 60㎝で太さが一様ではない棒ＡＢのＡ点または
Ｂ点を持ち上げると，図３・図４のようになりました。
図５・図６のＣ〜Ｆに当てはまる数を答えなさい。

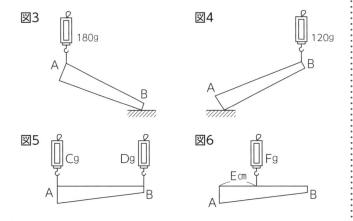

604 支点(▲)をCとして解くか，Dとして解くかのどちらかです。603の**[別解]**のような比を使っては解けないので注意しましょう。

支点をCとして解く場合

右図より Bg＝ 375g

Ag＋Bg＝300g＋200g　より

Ag＝500－375＝ 125g

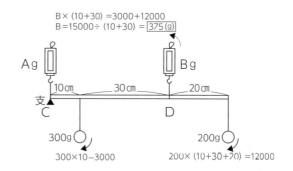

B×(10+30)＝3000+12000
B＝15000÷(10+30)＝ 375(g)

支点をDとして解く場合

右図より Ag＝ 125g

Ag＋Bg＝300g＋200g　より

Bg＝500－125＝ 375g

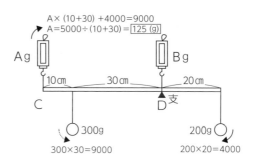

A×(10+30)+4000＝9000
A＝5000÷(10+30)＝ 125(g)

---

605 ① 図1より，棒の重さが200gと分かります。よって，棒の重心に200gのおもりをつるして求めることができます。

図2

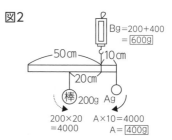

② 図3と図4より，Cgが180g，Dgが120g，図5より，棒の重さが300gと分かります。また，棒の重心の位置を右図のように求めることができます。

図5

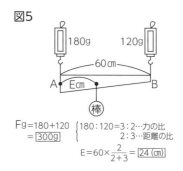

189

☒606　ばねの直列つなぎ

自然長 20㎝，10gの力で 1㎝のびるばねAを使って，図1・図2のようにつり合わせました。x_1～x_4の長さはそれぞれ何㎝ですか。ただし，ばねの重さは考えません。

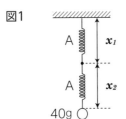

図1

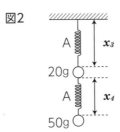

図2

☒607　ばねの並列つなぎ

606 のばねAを使って，図1・図2のように，棒を水平につり合わせました。x_1・x_2の長さはそれぞれ何㎝ですか。ただし，棒の重さは考えません。

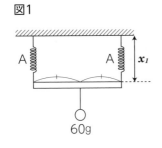

図1

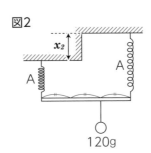

図2

☒608　ばねにかかる力

606 のばねAを使って，図1・図2のようにつり合わせました。x_1・x_2の長さはそれぞれ何㎝ですか。

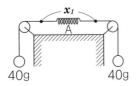

図1

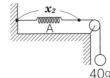

図2

606　x_1, x_2… ともに40gの力がかかり，4cmのびています。よって，長さは24cmになります。

　　　x_3…ばねに合計70gの力がかかり，7cmのびています。よって，長さは27cmになります。

　　　x_4…ばねに50gの力がかかり，5cmのびています。よって，長さは25cmになります。

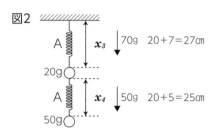

607　図1…左右のばねには30gずつの力がかかっています。よって，3cmのびて23cmになります。

　　　図2…左のばねには40g，右のばねには80gの力がかかるので，左のばねは4cmのび，右のばねは8cmのびます。よって，x_2は4cmとなります。

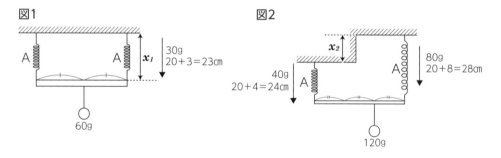

608　ばねは両端に力をかけないと，のばすことができません。よって，図1・図2どちらの場合でもばねに40gの力がかかっています。

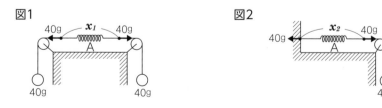

☒609　**半分に切ったばね・おもりを上と下で支える**
　　　自然長 20cm，10g の力で 1cm のびるばね A や，ばね A
を半分に切ったばね B を使って，図1・図2のようにつり
合わせました。x_1・x_2 の長さはそれぞれ何cmですか。

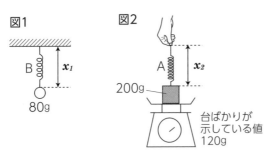

図1

B

x_1

80g

図2

A

x_2

200g

台ばかりが
示している値
120g

☒610　**組み合わせ滑車の力のつり合い**
　　　かっ車を組み合わせて，図1～図5のようにつり合わ
せました。手でひもを引く力はそれぞれ何 g ですか。た
だし，おもり以外の物の重さは考えません。

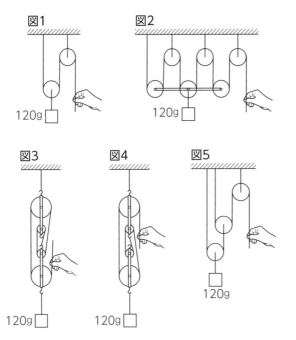

図1

120g

図2

120g

図3

120g

図4

120g

図5

120g

☒611　**組み合わせ滑車の動く距離**
　　　610 の図1～図5で，おもりを 10cm 持ち上げるために
は，手でひもを何cm引けばよいですか。

609 ばねを半分に切ると, 自然長ものびる長さも半分になります。よって, ばねBは, 自然長が10cm, 10gで0.5cmのびるばねになります。

図1…ばねBには80gかかり, 4cmのびるので 14cm になります。

図2…200gのおもりをばねと台ばかり(120gを示している)で支えています。よって, ばねAには80gかかるので, 8cmのびて 28cm になります。

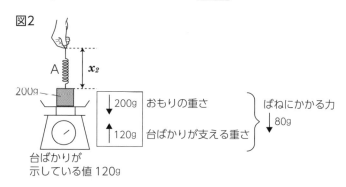

610・611 同じ1本のひもにはどの部分も同じ力がかかっています。したがって, おもりの重さを何か所で支えているかでひもにかかる力が決まります。力が分散するので, ひもにかかる力は小さくなります。

また, おもりを持ち上げるときに手で引くひもの長さは, 力が$\frac{1}{2}$になったときは2倍, $\frac{1}{3}$になったときは3倍のように, 力が小さくなった分だけ長く引かなければなりません。

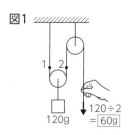

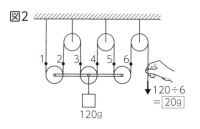

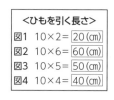

<ひもを引く長さ>
図1 10×2= 20 (cm)
図2 10×6= 60 (cm)
図3 10×5= 50 (cm)
図4 10×4= 40 (cm)

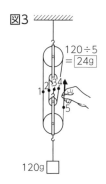

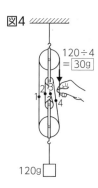

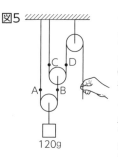

<力のつり合い>
A・Bにかかる力は,
120g÷2=60g
C・Dにかかる力は,
60g÷2=30gより,
手にかかる力は 30g になります。

<ひもを引く長さ>
点CとDの2点分あげるため,
10cm×2=20cm
さらに点AとBの2点分あげるため,
20cm×2= 40cm となります。

第Ⅲ部 計算理科

☒612　輪軸の力のつり合い

　図1〜図3のように輪じくがつり合っています。A〜Cに当てはまる数を答えなさい。

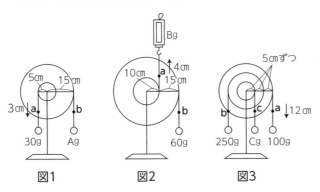

図1　　　図2　　　図3

☒613　輪軸の動く距離

　612の図1〜図3で，a点が示された長さだけ矢印の向きに動くとき，b点やc点はそれぞれ上・下どちらに何cm動きますか。

☒614　浮力の計算（沈むとき）

　右図で，ばねばかりは何gを示しますか。

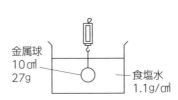

金属球
10cm³
27g

食塩水
1.1g/cm³

☒615　浮力の計算（浮くとき）

　右図で，斜線部分の体積は何cm³ですか。

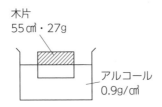

木片
55cm³・27g

アルコール
0.9g/cm³

◆ポイント◆

612 てこと同じように計算します。

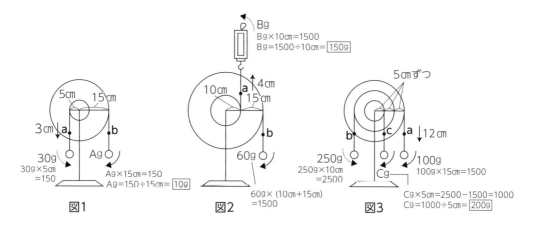

図1　図2　図3

613 扇形の相似を利用して計算します。

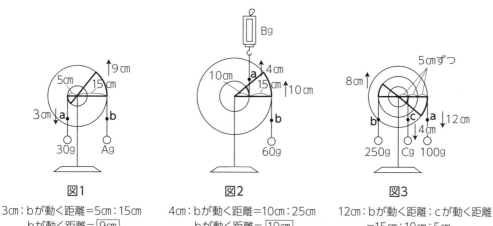

図1

3㎝：bが動く距離＝5㎝：15㎝
bが動く距離＝ 9㎝

図2

4㎝：bが動く距離＝10㎝：25㎝
bが動く距離＝ 10㎝

図3

12㎝：bが動く距離：cが動く距離
＝15㎝：10㎝：5㎝
bが動く距離＝ 8㎝
cが動く距離＝ 4㎝

614 アルキメデスの原理より, 浮力は「物体の液面下の体積」×「液体の密度」で求められます。

金属球にはたらく浮力は10×1.1＝11（g）となるので, ばねばかりには27－11＝ 16（g）の力がかかります。

615 この状態では, 浮力と木片の重さは等しくなっています。よって, 木片が沈んでいる部分の体積は27÷0.9＝30（㎤）となるので, 斜線部分は55－30＝ 25㎤ となります。

第Ⅲ部 計算理科

☒616 **豆電球と乾電池**

図1の電流計の値は180mAでした。
図2〜図6の回路について答えなさい。

① 図1と同じ明るさの豆電球を含む
回路を答えなさい。

② 図1より暗い豆電球を含む回路を答えなさい。

③ 図1より持ちが短い乾電池を含む回路を答えなさい。

④ それぞれの電流計に流れる電流の大きさは何mAですか。

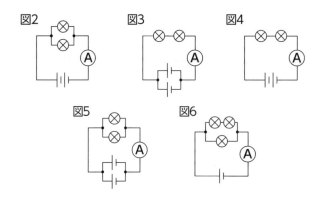

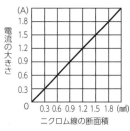

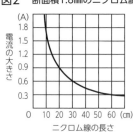

616
① 図4・図5・図6
② 図3・図6
③ 図2・図6
④ 図2 720mA
　図3 90mA
　図4 180mA
　図5 360mA
　図6 270mA

☒617 **電熱線**

長さ10cmのニクロム線の断面積を変えて回路をつくり、電流の大きさを調べた結果が図1，断面積1.8㎟のニクロム線の長さを変えて回路をつくり，電流の大きさを調べた結果が図2です。

図1 長さ10cmのニクロム線

図2 断面積1.8㎟のニクロム線

① 断面積2.4㎟で10cmのニクロム線をつなぐと何Aの電流が流れますか。

② 断面積1.8㎟で5cmのニクロム線をつなぐと何Aの電流が流れますか。

③ 断面積2.1㎟で70cmのニクロム線をつなぐと何Aの電流が流れますか。

617
① 2.4 A
② 3.6 A
③ 0.3 A

616　図1に流れる電流の大きさを①＝180mAとして, 図2〜図6に流れる電流の大きさを求
　　　め, 回路にかきます。かいた数と①を比べて, 豆電球の明るさや乾電池の持ちを考えます。

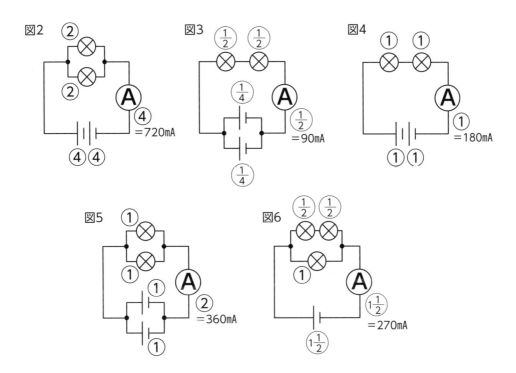

617　ニクロム線の断面積と電流の大きさは正比例の関係にあります。
　　　※断面積が×2, ×3, ×4…となると, 電流は×2, ×3, ×4…になる。
　　　ニクロム線の長さと電流の大きさは反比例の関係にあります。
　　　※長さが×2, ×3, ×4…となると, 電流は$\times \frac{1}{2}$, $\times \frac{1}{3}$, $\times \frac{1}{4}$…になる。

　　①　図1より, ニクロム線の断面積0.3㎟のとき電流が0.3Aと分かります。断面積が
　　　　2.4㎟と, 8倍なので, 電流は0.3A×8＝ 2.4A です。

　　②　図2より, ニクロム線の長さ10㎝のとき電流が1.8Aと分かります。長さが5㎝と
　　　　$\frac{1}{2}$倍なので, 電流は1.8A×2＝ 3.6A です。

　　③　図1より, ニクロム線の断面積0.3㎟・長さ10㎝のとき電流が0.3Aと分かります。
　　　　断面積が2.1㎟と7倍で, 長さが70㎝と7倍なので, 電流は0.3A×7×$\frac{1}{7}$＝ 0.3A
　　　　です。

第Ⅲ部　計算理科

☒618 **音の速さ**

空気中を伝わる音の速さは，毎秒（331 + 0.6 ×気温）m として求めることができます。気温 15℃のときの音の速さは毎秒何mですか。

618 毎秒 340 m

☒619 **花火までの距離を求める**

夏の夜，花火が見えてからちょうど 5 秒後にドーンという音が聞こえてきました。花火から観測者の位置までの距離は何mですか。ただし，気温は 25℃とします。

619 1730 m

☒620 **反射した汽笛を聞く**

岸壁に向かって毎秒 10 mで進んでいる船が，岸壁から 1.4kmの位置で汽笛を鳴らしました。岸壁で反射した音は，船に乗っている人に，汽笛を鳴らしてから何秒後に聞こえますか。ただし，気温は 15℃とします。

620 8 秒後

618　331+0.6×15＝ $\boxed{340\,(\text{m/秒})}$ です。

619　気温が25℃なので, 音速は331＋0.6×25＝346m/秒です。
　　よって, 花火までの距離は346×5＝ $\boxed{1730\,(\text{m})}$ となります。

620　音が聞こえる□秒後までに, 音は340×□m, 船は10×□m進みます。進んだ距離の合計
　　は往復で2800mなので, (340＋10)×□＝2800より, □＝ $\boxed{8\,(\text{秒後})}$ となります。

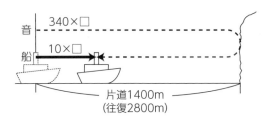

第4節　生物の計算

☒621　肺と心臓

① 右の表は，ヒトの吸気と呼気に含まれる酸素と二酸

	吸気（%）	呼気（%）
酸素	21	16
二酸化炭素	0.04	4

化炭素の割合を示しています。1回の呼吸量が600mL，呼吸の回数が1分間あたり16回とすると，1分間あたりに血液に取り込まれる酸素の量は何mLですか。

② あるヒトの体内の血液量が4200mLとします。1分間に心臓が80回拍動しており，1回の拍動で70mLの血液が心臓から全身へ送り出されるとすると，1分間で〔　A　〕mLの血液が送り出され，1時間では〔　B　〕mLの血液が送り出されることになります。このことから計算すると，1時間で血液は体内を〔　C　〕周することになります。

☒622　生き物の個体数を推定する方法

ある空き地でネズミを8匹つかまえ，すべてに印をつけて放しました。翌日同じ空き地でネズミを20匹つかまえて調べると，そのうち2匹に前日つけた印がついていました。この空き地のネズミの総数は何匹くらいと推定できますか。

☒623　生命表の計算

下の表は，ある場所のアメリカシロヒトリの調査結果です。アメリカシロヒトリが卵から成虫になるまでの過程における個体数の変化がわかります。表の①〜③に当てはまる数を答えなさい。ただし，①は四捨五入し，小数第1位まで求めなさい。

成長段階	生存数	死亡数	死亡率（%）
卵	4536	141	3.1
ふ化	4395	791	18.0
1令幼虫	3604	1265	①
2令幼虫	2339	②	15.1
3令幼虫	1985	490	24.7
4〜6令幼虫	1495	1452	97.1
7令幼虫	③	30	69.8
さなぎ	13	6	46.2
成虫	7	―	―

621 ① 480mL
② A　5600
B　336000
C　80

622　80匹くらい

623 ① 35.1
② 354
③ 43

200

621 ①　血液に取り込まれる酸素は21−16＝5 (%)分になります。1分間あたりの呼吸量は600×16＝9600 (mL)なので、9600×0.05＝ $\boxed{480\,(\text{mL})}$ になります。

②　A…70mL×80回＝ $\boxed{5600\,(\text{mL})}$ です。
B…5600mL×60分＝ $\boxed{336000\,(\text{mL})}$ です。
C…336000mL÷4200mL＝ $\boxed{80\,(\text{周})}$ です。

---

622 空き地全体に生息するネズミの数を□匹とします。以下の①〜③の手順で考えましょう。

①　□匹のうち, 8匹をつかまえて印をつけたので, 空き地全体のネズミに対して印のついているネズミの数は, $\frac{8\text{匹}}{□\text{匹}}$ になります。

②　翌日, 印をつけたネズミは空き地全体に均等に散らばっていると考えます。つかまえた20匹のうち2匹に印がついていたので, 印がついていたネズミの割合は $\frac{2\text{匹}}{20\text{匹}}$ になります。

③　①・②から, $\frac{8\text{匹}}{□\text{匹}}＝\frac{2\text{匹}}{20\text{匹}}$ より, □＝ $\boxed{80\,(\text{匹})}$ と推定できます。

---

623 ①　死亡率＝ $\frac{\text{死亡数}}{\text{生存数}}×100$ で求まるので, $\frac{1265}{3604}×100＝35.09\cdots$ より, $\boxed{35.1\,(\%)}$ です。

②　2令幼虫を見ると, 生存数が2339匹, 死亡数が②, そして次の3令幼虫の生存数が1985匹になっています。つまり, 2令幼虫2339匹のうち, ②匹が死亡し, 次の3令幼虫になれたのが1985匹ということになります。このことから, ②は2339匹−1985匹＝ $\boxed{354\,(\text{匹})}$ です。

③　②と同様に, 7令幼虫③匹のうち30匹が死亡し, 13匹がさなぎになれたと読み取れます。このことから, ③は30匹＋13匹＝ $\boxed{43\,(\text{匹})}$ です。

⊠624 蒸散量の計算

同じくらいの枝ぶりの茎4本を使って，下図のような実験を行いました。一定時間後にＡは2㎜，Ｂは7㎜，Ｃは14㎜水面の高さが下がりました。同じ時間後にＤは何㎜水面の高さが下がりますか。

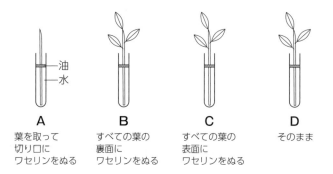

| **Ａ** | **Ｂ** | **Ｃ** | **Ｄ** |
| 葉を取って
切り口に
ワセリンをぬる | すべての葉の
裏面に
ワセリンをぬる | すべての葉の
表面に
ワセリンをぬる | そのまま |

⊠625 呼吸量の計算

発芽しかけたダイズを図1・図2のように同じ数だけ三角フラスコの中に入れ，図1には石灰水の入ったビーカーを，図2には水の入ったビーカーを入れました。しばらくおくと，図1は赤インクが左に5㎤分移動し，図2は赤インクが左に1㎤分移動しました。このとき、ダイズが吸収した酸素の量と放出した二酸化炭素の量はそれぞれ何㎤ですか。

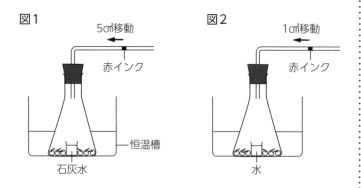

図1　　　　　　　　　　図2

624 下のように, 蒸散しているときを〇, していないときを✕として表にまとめて求めましょう。

	A	B	C	D	水の高さの変化
葉の表	✕	〇	✕	〇	5 mm
葉の裏	✕	✕	〇	〇	12 mm
茎	〇	〇	〇	〇	2 mm
水面の高さの変化	2 mm	7 mm	14 mm	19 mm	

※Aの2mmが茎, AとBの差の5mmが葉の表, AとCの差の12mmが葉の裏から蒸散しています。

---

625 図1ではダイズから放出された二酸化炭素がすべて石灰水に吸収されるため, 吸収された酸素の分, 赤インクが 5 (cm³) 移動したと考えられます。

図2では二酸化炭素の放出によって, 赤インクが□cm³右に移動しようとするため, 5−□=1 (cm³) となり, □= 4 (cm³) となります。

※図1 酸素が吸収 ——→ 5cm³減る

二酸化炭素が放出 ⎫
二酸化炭素が石灰水に吸収 ⎬ 打ち消す

図2 酸素が吸収 ——→ 5cm³減る ⎫
⎬ 1cm³減る
二酸化炭素が放出 ——→ □cm³増える ⎭

巻末解説

！ **巻末解説** 第Ⅰ部の問題の解き方・考え方をより詳しく説明しています。

第1節 月と惑星

1① 地平線の近くに見える細い月

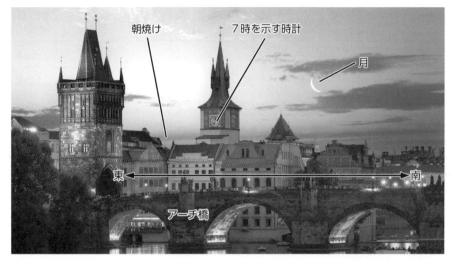

朝焼け　7時を示す時計　月　東　南　アーチ橋

月は太陽の光を反射して光っているため，朝に見られる月は左（東）側が明るく見えます。

2② 沈む満月

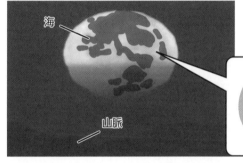

海　山脈

満月は朝6時頃に沈みます。地平線の近くにある月は地球の大気によって光の進み方が変わるため，朝焼け・夕焼けのように赤っぽく見えます。

また，「P.206の11の解説」を見ると，月の入りの頃と黒い模様（海）の傾きが同じであることが分かります。

3③ 月面に見られるクレーター

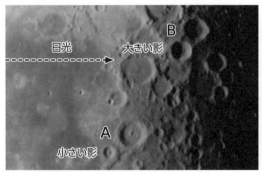

B　日光　大きい影　A　小さい影

満月は月の正面から日光が当たっているため，クレーターの影がほとんどできず見えにくくなります。

④ 南中している満月と下弦の月

クレーターがよく見える部分

4⑤ 雲仙普賢岳と干潟を通る道路

下弦の月の少し前

雲仙普賢岳

電柱

干潟

5⑥ 月面で見上げた空の様子

太陽

月面

地球には大気があるため，青っぽい光が散乱して空が青く見えますが，月には大気がないので空は真っ暗なままです。月のように小さく，重力が弱い天体は大気がないことが一般的です。

海水は月に引かれるように動き，南中から少し遅れて満潮になります。満月や新月のときは満潮と干潮の差が最も大きくなり，これを大潮といいます。大潮の日はさまざまな海の生き物が産卵します。

6⑦ 月から帰還したアポロ宇宙船（実物）

扉

黒く焦げた宇宙船の底

宇宙には空気抵抗がなく，宇宙船が地球に帰還するとき秒速 10km 近い速度で大気にぶつかるため，空気が圧縮されて 1000℃以上の高温になります。

7⑧ 天体望遠鏡で観察した木星と土星

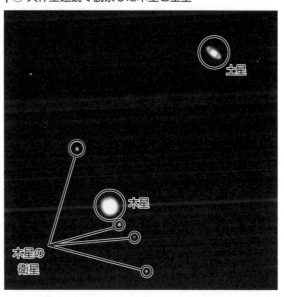

土星

木星

木星の衛星

木星には 80 個もの衛星があり，特に地球から観察しやすい4つの大きな衛星（イオ・エウロパ・ガニメデ・カリスト）を，発見者にちなんでガリレオ衛星と呼びます。ガリレオは，これらの衛星が木星のまわりを公転していることを発見し，地球が宇宙の中心であるとする天動説に疑問を投げかけました。

8 上弦の月は下図のように動きます。

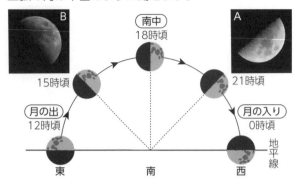

9

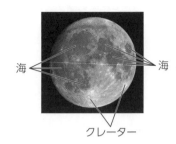

海の傾きを見ると方角が分かります。
日本では，海の形が「餅をつくウサギ」
にたとえられています。

11

0時頃の南中している月と比べると月が傾いて
おり，右図の21時頃の模様の傾きに近いことが分
かります。

また，月食のとき月をかくす影は地球の影なの
で，地球は月よりもずっと大きいことも分かります。

満月は下図のように動きます。

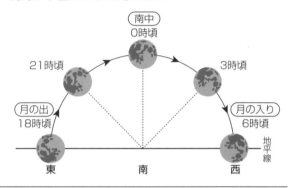

13 太陽系の惑星について，下図にまとめてあります。

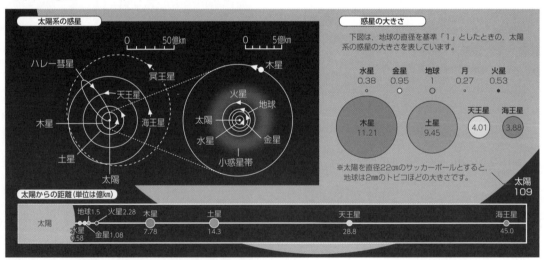

14

金星	明けの明星	9時頃南中	明け方に東の空	左側が光る	◗〜◖
	宵の明星	15時頃南中	夕方に西の空	右側が光る	◑〜◐
月	三日月	15時頃南中	夕方に西の空	右側が光る	◗
	二十七日の月	9時頃南中	明け方に東の空	左側が光る	◖

　地球より内側の軌道を公転する金
星は，地球からは夕方と明け方にし
か見ることができません。しかし，
非常に明るく見える（シリウスより
明るい）ので，夕方見える金星を「宵
の明星」，明け方に見える金星を「明
けの明星」と呼びます。

第2節　星

16〜22① 日本のある地点の20時における，全天（空全体を見上げたもの）の様子

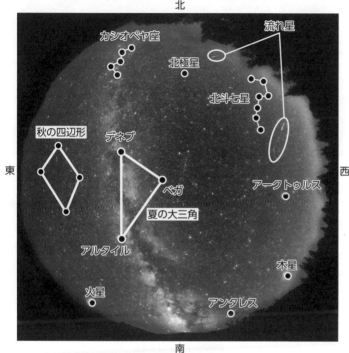

17・18・21・22 の答えは左図で確認しましょう。

　①の写真に見えている代表的な星をまとめると左図のようになります。ただし，惑星は星座をつくる星とは異なる動きをするため，星座に対していつも①のような位置関係に見えるわけではなく，星座早見には描かれていません。また，空を見上げているため，地図とは東西が反対になっていることに注意しましょう。

　はくちょう座のデネブ，こと座のベガ，わし座のアルタイル，さそり座のアンタレスはそれぞれ夏によく見えます。

　うしかい座のアークトゥルスは春の大三角をつくる1等星です。おとめ座のスピカは地平線すれすれにあるため，写真には写っていません。

　北極星の探し方は，北斗七星とカシオペヤ座からだけでなく，夏の大三角を折り返す方法や，秋の四辺形の辺をのばす方法などもあります。

16・20② 星座早見を①と同じ日時に合わせたもの

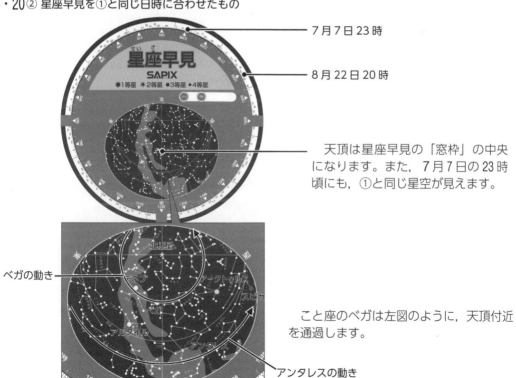

7月7日23時

8月22日20時

　天頂は星座早見の「窓枠」の中央になります。また，7月7日の23時頃にも，①と同じ星空が見えます。

　こと座のベガは左図のように，天頂付近を通過します。

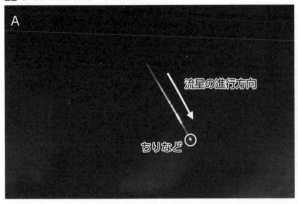

A

流星の進行方向

ちりなど

B

放射点

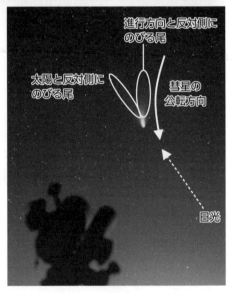

進行方向と反対側にのびる尾

太陽と反対側にのびる尾

彗星の公転方向

日光

流れ星は，宇宙にあるちりなどが地球の大気にぶつかることで高温になり一瞬だけ光ります。なお，彗星が残していったちりに地球がぶつかると大量の流れ星が見られ，これを流星群と呼びます。流星群は空の1点（放射点）から放射状に広がるように見えます。

彗星の主な成分は氷であり，彗星が太陽に近づくと氷がとけ，右図のように2本の尾が後ろにのびる様子が，数日間〜数か月間観察できます。彗星が太陽の周りを公転するのに数十年〜数百年程度かかるため，同じ彗星を再び見る機会はめったにありません。

23・24

図1

北極星

西← 北 →東

図2

北極星

西← 北 →東

図1も図2も北の空の様子で，北極星を中心に反時計回りに星は動いています。図1と図2の北極星の位置を比べると，図2の方が高い位置にあることが分かります。北極星の高度はその土地の緯度（北緯）と等しい角度になるため，図2の方が緯度が高い場所であると分かります。

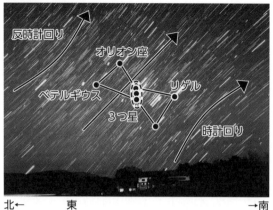

25

反時計回り

オリオン座

リゲル

ベテルギウス

3つ星

時計回り

北← 東 →南

オリオン座を手掛かりにして方角を考えるときは，3つ星の傾きに注目しましょう。この図では3つ星が縦に並んでいるので，東の空であることが分かります。

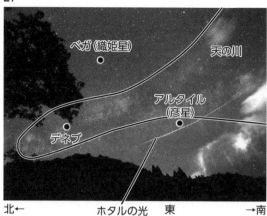

27

ベガ（織姫星）

天の川

アルタイル（彦星）

デネブ

ホタルの光

北← 東 →南

ホタルの光が見えることから季節は夏（6〜7月頃）の夜で，東の空に夏の大三角が見えています。アルタイルとベガやデネブは真東より北寄りから出て，真西より北寄りに沈むことも覚えておきましょう。

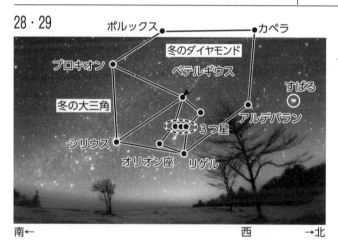

28・29

ポルックス カペラ

プロキオン

冬のダイヤモンド

ベテルギウス

すばる

冬の大三角

アルデバラン

3つ星

シリウス

オリオン座 リゲル

南← 西 →北

オリオン座の3つ星が横に並んでいるので，西の空であることが分かります。

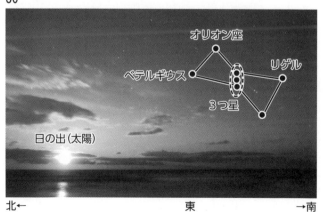

30

オリオン座

ベテルギウス

リゲル

3つ星

日の出（太陽）

北← 東 →南

オリオン座の3つ星が縦に並んでいるので，東の空であること分かります。また，オリオン座が朝にのぼり，太陽のある方角が真東より北寄りであることから季節は夏であることが分かります。

31① カーブした川

カーブの外側は流れが速く削られていき，内側は流れが遅く川原が広がっていきます。

32② 川の中のアユ

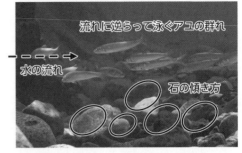

アユは川で産卵し，稚魚は海で成長し，再び川に戻り，石に付いた藻類を食べて過ごします。

33③ 別々の日に撮影した利根川

Bの写真を見ると，橋脚の大部分が水につかり，河川敷が水没していることが分かります。日本の川は短く流れが急であるため，雨が降ると急激に水位が変わります。また，土砂崩れやダムの放流などでも水位が変わるので，川原などに行くときは，情報収集を怠らないようにしましょう。

34④ 川沿いに見られる施設

水力発電は，ダムなどに蓄えた水が落ちる勢いを利用して発電機を動かしています。水力発電には二酸化炭素を発生させないだけでなく，夜中に余った電気を使って水をダムまで戻し，電気を使う量が増える昼間に備えておくこともできる利点があります。

35⑤ 川の途中に見られるコンクリート製の段差

上図は砂防えん堤といい，土砂をせき止めることによって，川の流れをゆるやかにし，川底が削られすぎたり，下流域が洪水や土砂災害にみまわれたりするのを防ぐことができます。ただし，②のアユのように川を遡上する魚が進めなくなるため，生き物がのぼりやすくなる工夫をする必要があります。

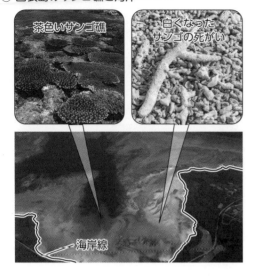

36 ⑥ 西表島のサンゴ礁と海岸

茶色いサンゴ礁

白くなった
サンゴの死がい

海岸線

サンゴの中には褐虫藻という植物性プランクトンが共生しており，光合成によって酸素と栄養分をつくります。サンゴ礁の色は褐虫藻の色で決まります。褐虫藻がいなくなるとサンゴは栄養不足で死んでしまい，炭酸カルシウムの白い骨格だけが残ります。

37 ⑦ グランドキャニオン（アメリカ）

傾いた地層

同じ地層

削られた地層

コロラド川

上図の層状の地層は，川で運ばれた土砂が海底に堆積したものです。川をはさんで同じ地形が続いていることから，川によって削られて分かれたことが分かります。また，地層の表面がぎざぎざになっていることからは，雨などで削られたことが分かります。

コロラド川によって数百万年から数千万年かけて侵食された結果，長さが400km以上も続く深さが1km以上もの谷ができました。

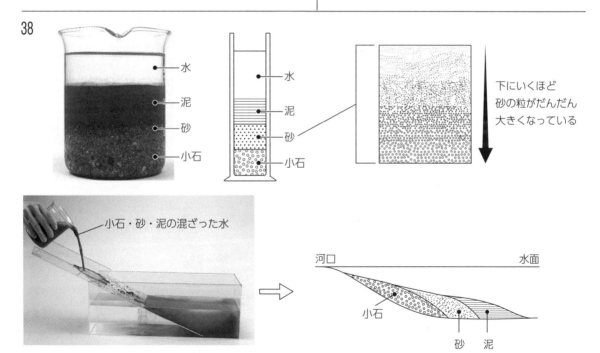

38

水

泥

砂

小石

水

泥

砂

小石

下にいくほど
砂の粒がだんだん
大きくなっている

小石・砂・泥の混ざった水

河口　　　　　　　　　　水面

小石

砂　泥

上図のように，粒の大きさが異なるとき，粒が大きい方が早く沈み，粒が小さい方が沈むのに時間がかかります。そのため，垂直方向で見ると，下の方が粒が大きく，水平方向で見ると河口から遠い方が粒が小さくなります。これは，粒が小さいほど体積あたりの表面積が大きくなり，水の抵抗を受けやすく，沈むのに時間がかかるためです。

【石の様子】

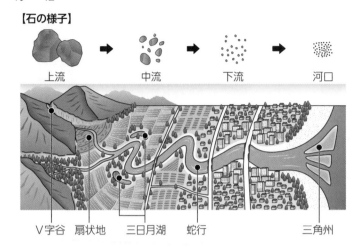

上流　→　中流　→　下流　→　河口

Ｖ字谷　扇状地　三日月湖　蛇行　　　　三角州

上流から下流にかけて見られる石の様子は，上流の方が大きく角ばっており，下流ほど小さく丸みをおびています。

また，上流から下流にかけて，Ｖ字谷・扇状地・蛇行（三日月湖）・三角州などの特徴的な地形が見られます。

扇状地は，山の麓で川の傾斜が急にゆるやかになるところで，堆積作用が急に大きくなることでできる地形です。比較的粒の大きな土砂が堆積してできるため，水はけがよく，川が堆積した土砂の下を流れる水無川となることもあります。

43

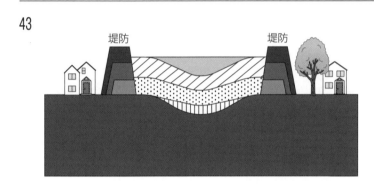

堤防　　　　　　　　　　　堤防

川の流れによって上流から運ばれた土砂は川底にも少しずつ堆積していきます。すると，大雨が降った時に洪水が起こりやすくなるため，堤防をつくります。しかし，堆積土砂によって川底はだんだん高くなるため，堤防を高くします。これを繰り返すことで，私たちが生活する場所よりも高いところを川が流れる，天井川ができます。

45　Ｖ字谷

川

Ｕ字谷

氷河

　傾斜が急な上流では，流水の侵食作用によってＶの形をしたＶ字谷ができます。Ｕ字谷は氷河によってつくられる地形で，氷は水のようにせまい範囲に集中しないため，Ｕの形をした谷ができます。
　氷河は川が凍ったものではなく，降った雪が自身の重さにより押し固められたもので，年間数十cm程度の速さで流れています。氷河によって削られた石は，大きさがばらばらで角ばっているのが特徴です。フィヨルドは，氷河によって侵食されたＵ字谷に海水が入り込むことで複雑な入り江となったもので，北欧のような寒い地域でよく見られます。

第4節 火山と化石

46① 流れ出る溶岩

冷えて黒く固まった溶岩

赤く光る溶岩

飛び散る溶岩

大量の湯気

海

熱をもつ物体は光を放つ性質があり，マグマが地上に出たものを溶岩といいます。ねばり気の少ないマグマは流れやすく，冷えて固まると黒い岩石（ゲンブ岩）になります。

水が水蒸気になるときに体積が約1700倍になるため，マグマと地下水がふれると水蒸気爆発を起こすことがあり大変危険です。

47② 富士の樹海

横に根を張る樹木

コケにおおわれた岩石

岩石は硬いため，樹木は地中に根を張ることができません。コケや背の低い草の死がいが分解されると少しずつ土ができていきます。

48③ 火山に設置されているもの

金属製の退避所

コンクリート製の退避所

噴火で飛んできた石（噴石）

噴石には，溶岩が冷えた火山岩（火山弾・軽石など）と山体の岩石が飛ばされたものがあります。噴石は大きいと自動車ぐらいの大きさになるため，家の屋根を突き破ることもあります。

49④ 川原で化石を掘る様子　⑤ 貝の化石（左）と貝殻（右）

川

金槌とタガネで石をくだく

二枚貝の化石

巻貝の貝殻

二枚貝の貝殻

化石は一般的に，地中に自然に埋まって1万年以上かけてできたものを指します。

化石を掘るときは，石の破片が飛び散ることがあるので，運動靴・長そで・長ズボンで，保護メガネを着用しましょう。

50⑥ 火山灰（左）と川砂（右）

1㎝

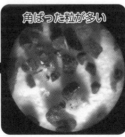

角ばった粒が多い

1㎝

丸みをおびた粒が多い

直径$\frac{1}{16}$㎜〜2㎜の土砂を砂と呼び，火山灰は火山噴出物のうち2㎜以下のものを指します。

マグマにはさまざまな成分が含まれており，石英・かんらん石など大きければ宝石と呼ばれるものもあります。川の砂などももとはマグマが冷えてできた岩石が細かくなったものなので，似たような成分が含まれています。

51 ⑦ 千葉県銚子市に見られる崖（屏風ヶ浦）

陸風 - - - - - - - →
陸風にのって流れる煙
消波ブロック
崖崩れ

「ローム」とは砂や泥が混ざった土砂のことを指し，この場所で見られる火山灰の層が赤茶色をしているのは鉄分（酸化鉄）が含まれているためです。

また，崖が波で削られないように消波ブロックを置いたことによって，南にある九十九里浜の砂が減ったといわれています。

52 ⑧ ボーリング調査の様子（左）と取り出された地下の土砂（右）

金属の筒
水
地面にあけた穴

複数の地点でボーリング調査を行うことによって地下にある地層を推測することができ，地下水や温泉などの位置も分かります。

地盤がやわらかいと建物が傾いたり，地震などでゆれやすくなったりするため，ビルを建てるときにも事前にボーリング調査を行います。ボーリング調査では，地盤を掘り進めやすくするために水を使うことがあります。

53・54

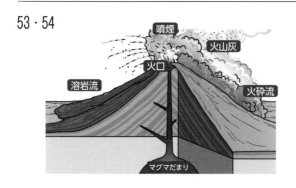

噴煙
火山灰
火口
溶岩流
火砕流
マグマだまり

火山が噴火すると，噴煙が上がります。噴煙には火山ガスや火山灰などが含まれます。火山ガスの主成分は水蒸気で，冷えて水になると白煙として見られます。火山噴出物のうち直径2mm以下の粒を火山灰といい，風によって広い範囲に運ばれます。日本では偏西風により，火山灰は火山の東側に多くが堆積します。

溶岩流や火砕流はその重さによって上から下へと流れ下ります。高温で流れ下る速さも速い火砕流の発生は，大きな被害につながります。

55

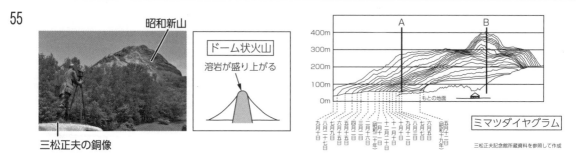

昭和新山
三松正夫の銅像

ドーム状火山
溶岩が盛り上がる

ミマツダイヤグラム
三松正夫記念館所蔵資料を参照して作成

昭和新山は，1943年から1945年の火山活動によって，北海道の麦畑が隆起してできた火山です。郵便局長の三松正夫氏が，火山が成長する過程を記録しました（右上図：ミマツダイヤグラム）。

56・57

白い煙は水蒸気が冷えて
水になったもの（湯気と同じ）

黄色いものは硫黄

マグマに含まれる水分が
水蒸気になるときにあいた穴

地下にあるマグマには水が溶け込んでおり，マグマが上昇し，かかる圧力が小さくなると，マグマに含まれる水は水蒸気へと変化します。そのため，火山噴出物は水蒸気などがあけた穴が多くある，軽石などの多孔質のものが多く見られます。

58

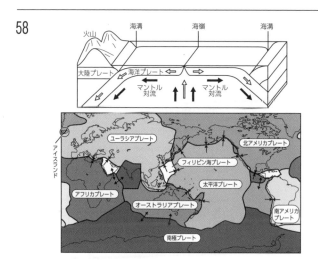

プレートとプレートの境界で，左右に分かれる部分なので，地面が割れている。

59

A　小石（レキ）

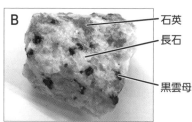

B　石英　長石　黒雲母

直径2mm以上の粒をレキといいます。Bは大きな結晶（等粒状組織）でできているので，火成岩のうちマグマが地下深くでゆっくり冷えてできた深成岩のカコウ岩です。

60

① 巣穴　シオマネキ（オス）

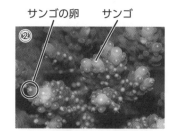

② サンゴの卵　サンゴ

③

C

巣穴の跡

A

サンゴの殻（炭酸カルシウム）

B

木が地下で圧縮され炭化したもの

215

61① 積乱雲（入道雲・雷雲）

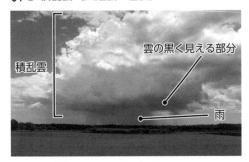

積乱雲 — 雲の黒く見える部分 — 雨

雲が実際に黒いわけではなく，水滴が多いところほど日光が吸収されて暗く見えています。

62② 雨上がりに見える虹

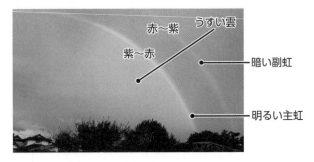

赤〜紫　うすい雲
紫〜赤
暗い副虹
明るい主虹

虹は，太陽と反対の方角にある水滴に日光が反射・屈折をすることで見えます。外側の虹（副虹）は水滴の中で日光が2回反射するため，戻ってくる光の量が少なくなります。

63③ 雨量計

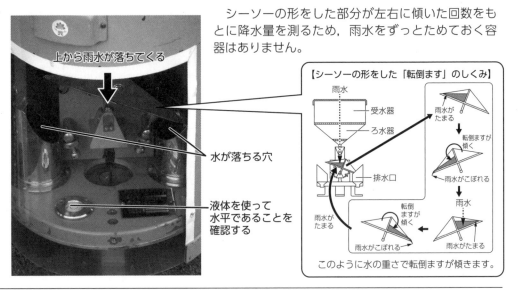

上から雨水が落ちてくる
水が落ちる穴
液体を使って水平であることを確認する

シーソーの形をした部分が左右に傾いた回数をもとに降水量を測るため，雨水をずっとためておく容器はありません。

【シーソーの形をした「転倒ます」のしくみ】

雨水
受水器
ろ水器
排水口
雨水がたまる
転倒ますが傾く
雨水がこぼれる
雨水
雨水がたまる
雨水がこぼれる
転倒ますが傾く
雨水がたまる

このように水の重さで転倒ますが傾きます。

64④ 山中湖から見る富士山と夕日

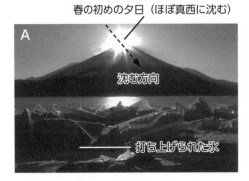

春の初めの夕日（ほぼ真西に沈む）
沈む方向
打ち上げられた氷
A

Aのように，富士山の山頂と太陽が重なる様子をダイヤモンド富士といいます。

秋の終わりの夕日（Aより南寄りに沈む）
沈む方向
ハクチョウ
B

Bに見られるハクチョウは冬鳥で，ふつう秋から春に見られます。

65⑤ 気象衛星ひまわりが撮影した地球

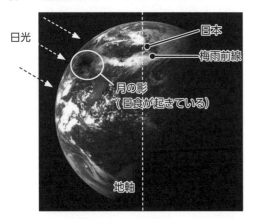

日光

日本
梅雨前線
月の影
（日食が起きている）
地軸

気象衛星ひまわりは赤道上空約36000kmを24時間で1周し，常に日本が正面になるように撮影しています。

[画像提供：情報通信研究機構（NICT）]

66⑥ 川岸で秋の日の明け方に見る富士山

右（東）から日光が当たる富士山

ススキ

川の上の霧

西　←　　北　　→　東

　富士山の南側から撮影しているため，北の方角を向いています。
　夜中に晴れていると，地上の熱が放射によって宇宙に逃げていくため，明け方の気温が低くなります（放射冷却）。このとき，空気中の水蒸気が水滴に変わり，霧が発生することがあります。

67⑦ 暑さ指数測定装置

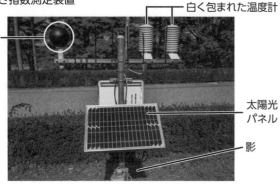

白く包まれた温度計

黒球

太陽光パネル

影

　黒は光を吸収しやすく，黒球の中の温度計で太陽の放射による熱の影響を測ります。白く包まれた2つの温度計は，通常の気温と湿度を測ります。暑さ指数は気温・湿度・太陽の放射の3つの条件を総合して算出します。
　太陽光パネルは一般的に南を向いていることが多く，影が短いことからも正午頃の様子だと考えられます。

68

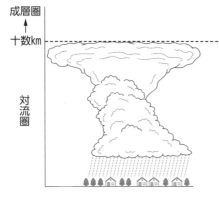

成層圏
十数km
対流圏

　積乱雲は垂直方向に発達していく雲で，暑い夏などには地上十数kmの高さまで高くなることもあります。地上十数kmの高さまでを対流圏といい，その上はオゾン層のある成層圏といいます。対流圏では上の方ほど気温が低くなりますが，成層圏では上の方ほど気温が高くなるため，成層圏で雲はできません。そのため，積乱雲の上限は地上十数kmの高さになり，そこからは横に広がる，かなとこ雲になるのです。

70

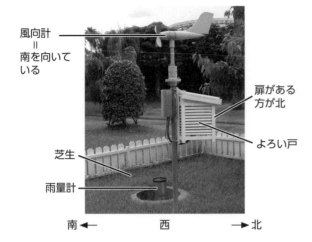

風向計
＝
南を向いている

扉がある
方が北

よろい戸

芝生

雨量計

南 ← 　　西　　 → 北

まず，百葉箱に注目すると，写真右側に扉があることが分かるので，右側が北だと考えられます。次に風向計を見ると，風は写真の左側から右側へ吹いていると分かります。そのため，この写真は西を向いて撮っていることが分かります。

また，地面に芝生があること，真ん中あたりに雨量計が埋まっていることが分かります。

71
・
72

太陽

透明半球

東

北 　　　　南

O

西

南中

東

北 　　　　南

O

西

上図のようにペンの先の影と点Oが一致するように点を打ちます。打った点を結ぶと，太陽の動く様子が分かります。また東の低い空を見ると，太陽は右上に上がっていくことが分かります。

73
・
74

金星

黒点

上図の太陽の右上にある大きな黒い点が金星です。太陽の表面上にある黒点は，球形である太陽では地球から見ると，側面でつぶれて見えますが金星は真ん丸に見えていることが分かります。

75

昼の日光の向き

丘

B

A

南 ← 　　西　　 → 北

写真奥に見える丘になっている部分に注目すると，丘の右側の斜面には雪が残っており，左側の斜面の雪は残っていません。このことから，写真の左側が太陽の光が当たりやすい南側，右側は光が当たりにくい北側なので，正面が西で夕焼けが見えていることが分かります。

A・Bがある手前側はくぼんだ地形であるため，丘とは雪の残り方が左右反対になっています。

76① エンマコオロギ（卵から終齢幼虫まで）

眼

小さなはね

　エンマコオロギは不完全変態の昆虫です。不完全変態の昆虫の幼虫は成虫の姿によく似ており，大きく成長するとはねのようなものが生えてきます。メスには注射針のような長い産卵管があり，土の中に1個ずつ細長い卵を産みます。また，コオロギはタンパク質が多く，食用としても注目されています。

77② モンシロチョウの幼虫（左）とアゲハの幼虫（右）

キャベツ
脱皮後
脱皮中
頭

糸　蛹化中
口

　チョウは完全変態の昆虫です。昆虫は節足動物の仲間で外骨格を持ち，脱皮をして成長します。そのため，成虫になったあとはからだの大きさが変わりません。また，チョウはガと同じなかまで幼虫が口から糸を吐きますが，カイコのように全身をおおうような繭はつくりません。

78③ スズメバチの巣

さなぎ
幼虫
まゆ

　スズメバチは完全変態の昆虫です。アリに近いなかまで，集団で生活をし，役割分担をするため，社会性昆虫と呼ばれています。なお，働きバチはすべてメスであり，毒針は産卵管が変化したものです。オスバチは女王バチと交尾をしたあとは死んでしまいます。

79④ ハサミムシの巣

幼虫
卵
親

　ハサミムシはおしりにはさみを持つ不完全変態の昆虫で，コオロギやゴキブリのおしりにある2本の長い突起と同じものが変化したといわれています。このはさみを使って他の昆虫をとらえて食べる肉食の昆虫です。

80⑤ アブラゼミの羽化

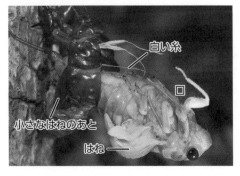

白い糸
口
小さなはねのあと
はね

　節足動物は脱皮した直後はからだがやわらかく，脱皮直後のカニを丸ごと食べる料理もあります。
　セミの抜けがらに見られる白い糸は，セミの体内にある気管（呼吸するための管）もいっしょに脱皮したものです。

81⑥ 昆虫の顔

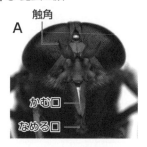

A

触角
かむ口
なめる口

B

触角
かむ口

C

大あご
なめる口

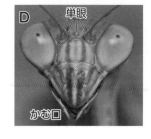

D

単眼
かむ口

　Aはアブ，Bはカミキリムシ，Cはクワガタムシ，Dはカマキリです。アブは完全変態の昆虫ではねが2枚しかありません。動物の皮膚をかみ切り，出てきた血をなめます。ハチと違って毒針は持っていません。カミキリムシは完全変態の昆虫でカブトムシと同じ甲虫に分類されます。また，植物性のえさをかじって食べるため農業害虫に含まれます。クワガタムシは完全変態の昆虫で樹液をなめます。大あごはえさ場やメスをうばい争うときに使います。カマキリは不完全変態の昆虫で，前あしのカマを使って他の虫をとらえて食べます。3つの単眼が目立ちますが，すべての昆虫が単眼を持つわけではありません。

82⑦ アリのような虫（左）とアリ（右）

あし
あし
あし
頭胸部
腹部
あし
糸

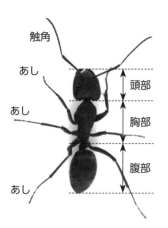

触角
あし
あし
頭部
胸部
腹部
あし

　クモはからだが頭胸部と腹部の2つに分かれており，あしは頭胸部から生えています。アリグモ（左端図）は一番前のあしを触角に見立ててアリに姿を似せています。これを擬態といいます。

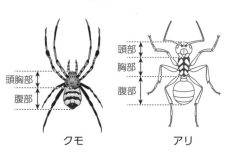

頭胸部
腹部

クモ

頭部
胸部
腹部

アリ

83

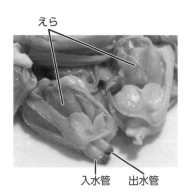

えら
入水管　出水管

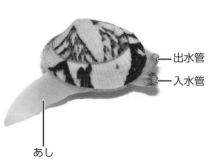

出水管
入水管
あし

　アサリのえらは水中の酸素を取り入れ，二酸化炭素を出して呼吸をするとともに，えさをこし取るはたらきもあります。あしは移動したり砂にもぐったりするときなどに使います。外から水を吸うのが入水管，水を出すのが出水管です。

シミ（ヤマトシミ）

フナムシ

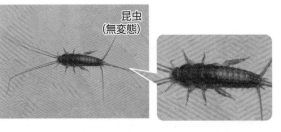

昆虫
（無変態）

甲殻類

ダニ（マダニ）　　　　シラミ　　　　シロアリ

クモ類

昆虫
（不完全変態）

昆虫
（不完全変態）

88

トンボ

ゲンゴロウ

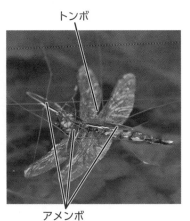

トンボ

アメンボ

トンボは肉食で他の昆虫を
えさにしますが，何らかの理
由で死んだり弱ったりして水
面に落ちると，ゲンゴロウやア
メンボなどのえさになります。
　ゲンゴロウはカブトムシと
同じ甲虫のなかまで，アメン
ボはタガメやセミと同じカメ
ムシのなかまです。ゲンゴロ
ウはかむ口，アメンボは刺す
口をしています。

89

アリ（はたらきアリ）

女王アリ（メス）　卵

はたらきアリ
（メス）

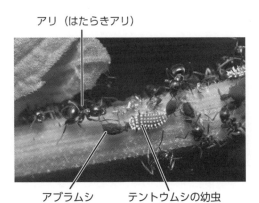

アブラムシ　テントウムシの幼虫

幼虫

91① 産卵時のメダカのオスとメス

メス　背びれ
オス　はらびれ　しりびれ

メダカは体外受精をするため，ほかのオスに先に精子をかけられないようにする必要があります。

92② 水草に卵を産み付けるメス

卵

メダカは早朝，空が明るくなり始めたころに産卵します。

93③ 水草に産み付けられた卵

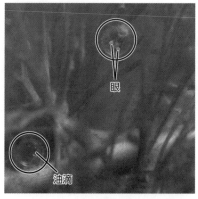

眼

油滴

メダカの卵には付着毛という毛が生えており，水草にからみつきやすくなっています。メダカや金魚などの飼育によく用いられるマツモ（キンギョモ）やオオカナダモなどの水草は，花を咲かせて種子をつくる被子植物のなかまであり，ワカメやコンブなどの海藻とは分類が違います。

94④ 小川にいるメダカ

下流側
メダカの進行方向
上流側

⑤ 睡蓮鉢にいるメダカ

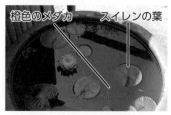

橙色のメダカ　スイレンの葉

メダカは周りの景色を見て同じ場所に留まろうとする性質があります。野生のメダカは数を減らしており，絶滅危惧種に指定されています。

95⑥ 池の水（顕微鏡で拡大）

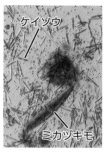

ケイソウ
ミカヅキモ

晴れたあたたかい日にはケイソウが大繁殖して池の水が茶色くにごることがあります。ミカヅキモは大きさが0.5mmになるものもあり，動物プランクトンに食べられにくい大きさになります。

96⑦ ミジンコ

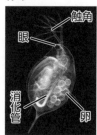

触角
眼
消化管
卵

消化管の中に緑色の植物性プランクトンが入っていることが分かります。

97⑧ メダカとミジンコ

休眠卵
子メダカ
ミジンコ

ミジンコは通常体内で卵をふ化させてメスだけでふえます。環境が悪くなるとオスが生まれたり，休眠卵という丈夫な卵を産んだりします。

98⑨ サケの切り身

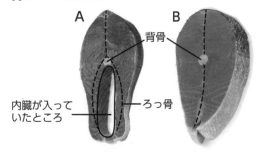

A　B
背骨
内臓が入っていたところ
ろっ骨

切り身の細い方は腹側で脂肪分が多く含まれており，マグロの場合は大トロと呼ばれる部位になります。

⑩ サケの切り身（全体）

Aのあたり
Bのあたり

サケは白身魚であり，えさとなるエビやカニなどの色素によって身に赤い色がつきます。

99 図1

産卵直後

油の粒が全体に
たくさん見える。卵
の大きさは直径1
～1.5mm程度。

99 図2

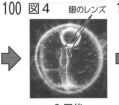

4時間後

油の粒の数が減り，
胚盤（メダカのからだに
なる部分）がふくらんで
見える。胚盤はさかん
に細胞分裂をする。

100 図4

眼のレンズ

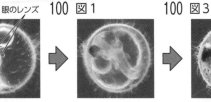

2日後

目のレンズや心
臓ができ始める。

100 図1

4日後

目が黒くなり，背
骨になる部分がで
き始める。また，心
臓が動く様子も見
られる。

100 図3

8日後

膜のようなひれ
や血液が見られる。

100 図2

水温25℃で，約11
日後にふ化する。

101 図1

ひれは小さい

卵黄のう

ふ化直後，腹に栄養分の入っ
た卵黄のうがあり，数日はえさ
をとらなくても生きていける。体
長は4～5mm程度。

101 図2

実際の大きさ

ふ化して1週間弱後，卵黄の
うが見えなくなる。ふ化してか
ら2週間程度までのメダカは，
針子とも呼ばれる。

103　メダカの天敵

カワセミ

全長17cmほどの水辺で暮
らす鳥で，くちばしが長く大
きいのが特徴。小魚や水生
昆虫などをえさにする。

タガメ

鎌のようなあし

不完全変態の昆虫で，小
魚やカエルなどを鎌のような
あしで捕まえ，針のような刺
す口で食べる。絶滅危惧種
に指定されている。

ブラックバス

大きな口で
何でも食べる

オオクチバスやコクチバス
の総称で，北米原産の外来
種の淡水魚。雑食で何でも
食べてしまい，生態系に対す
る影響が大きく，特定外来
生物に指定されている。

ヤゴ

トンボの幼虫をヤゴと呼
ぶ。ヤゴの間はえらで呼吸を
し，小魚などをえさにする。

105　A アオミドロ

植

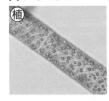

B ミドリムシ

植　動

べん毛

C ボルボックス

植　動

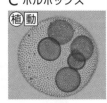

D ゾウリムシ

動　せん毛を動かして運動する

E ケイソウ

植

F ワムシ

動

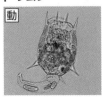

G ミカヅキモ

植

H ケンミジンコ

動

カニ・エビと
同じ甲殻類

I イカダモ

植

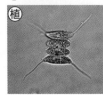

植…光合成をする
動…自分で動くこと
　　ができる

106① ヒツジの胎児

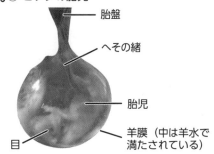

- 胎盤
- へその緒
- 胎児
- 羊膜（中は羊水で満たされている）
- 目

107② イヌの出産

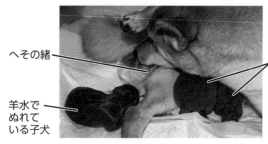

- へその緒
- 母乳を飲む子犬
- 羊水でぬれている子犬

108③ ニワトリのふ化

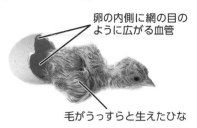

- 卵の内側に網の目のように広がる血管
- 毛がうっすらと生えたひな

④ 巣から落下したスズメのひな

- 卵黄の入っている袋
- 閉じた目
- 羽が生える前のうで

卵黄の栄養分は血管によって胚（ひなのからだになる部分）に運ばれます。

110⑥ モリアオガエルの産卵

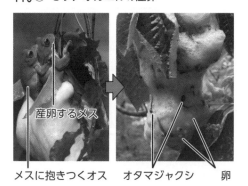

- 産卵するメス
- メスに抱きつくオス
- オタマジャクシ
- 卵

泡には水分が含まれているため，卵が乾燥することはありません。ふ化したオタマジャクシは下にある池に落ちていきます。

109⑤ オオヨシキリ（左）とカッコウ（右）

- 大きく口を開けるカッコウのひな
- 虫を与えるオオヨシキリ

カッコウやホトトギスは他の鳥の巣に卵を産み付ける托卵という行動を行います。カッコウのひなは成長すると育ての親であるオオヨシキリよりも大きくなります。

111⑦ 排水溝の中にいるニホンヤモリ

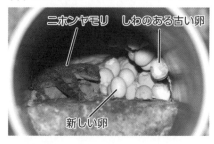

- ニホンヤモリ
- しわのある古い卵
- 新しい卵

ヤモリは鳥と同じく，からのある卵を陸上に産み落としますが，子育てはしません。

112⑧ 花の蜜をなめるコウモリ

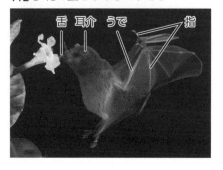

- 舌
- 耳介
- うで
- 指

③〜⑤の写真と比べてみると骨格や羽が大きく異なることが分かります。また，コウモリは超音波を使ってまわりの様子を感じ取ることができます。

113・115

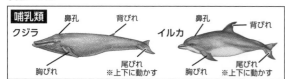

クジラやイルカはヒトと同じ哺乳類ですが, 私たちとは異なり, 消化管 (口から肛門まで) と鼻孔から肺までの管が完全に分かれています。クジラやイルカの鼻孔は水中では閉じており, 水から出たときに鼻孔を開けて息を吐きます (潮吹き)。そして鼻孔から息を大きく吸って水中に潜ります。また, クジラやイルカの胸びれは前あしが変化したもので, 後ろあしは退化してなくなっており, 尾びれは尻尾が変化したものと考えられています。

サメはメダカと同じ魚類で, えらで呼吸しています。ひれのつくりもメダカとよく似ていますが, サメにある第2の背びれはメダカにはないなどの違いもあります。サメやメダカなどの魚類は尾びれを左右に動かして泳ぎますが, クジラやイルカなどは尾びれを上下に動かして泳ぐという違いもあります。

116・117

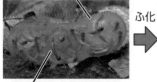

卵は寒天質に包まれている

寒天質の中で成長する

ふ化

幼生のうちは水中で暮らす

えらがからだの外に出ている

変態

成体は湿り気のある陸地で暮らす

体表は皮膚呼吸するためぬるぬるとしている

トウキョウサンショウウオは春先にメスが池などの水中に産卵し, オスが精子をかけて体外受精します。ふ化した幼生は水中で大きくなり, 夏の終わり頃から成体に変態し上陸します。

119

実際の卵と比べてみましょう。

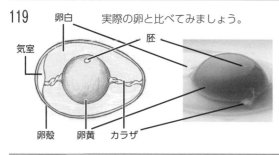

卵白
胚
気室
卵殻
卵黄
カラザ

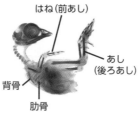

はね (前あし)
あし (後ろあし)
背骨
肋骨

写真は無精卵であり, 卵をあたためても胚は成長しません。

ヒトとニワトリを比べると, セキツイ動物としての共通点が多く見られますが, 同時に鳥類と哺乳類の違いや, 生息する環境によるからだのつくりの違いも見られます。共通点と相違点に注目して観察しましょう。

120

シャチ

クジラやイルカと似たからだのつくりをしています。

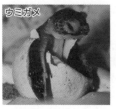

ウミガメ

親が卵をあたためたり, 子育てをしたりしません。

トビハゼ

陸上で飛びはね, えら呼吸だけでなく皮膚呼吸もしています。

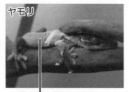

ヤモリ

脱皮中のヤモリ

イモリ

体表がぬるぬるしており, 肺呼吸だけでなく皮膚呼吸もしています。

ワニ

は虫類の卵には殻がありますが, 鳥類に比べると殻はやわらかくなっています。

ペンギン

鳥類は恒温動物で, 卵を親があたためてふ化させます。子育てをするので, 子の生存率が高く, 産む卵の数は少ないのが特徴です。

セキツイ動物のなかま分けをするときは, からだのつくりだけでなく, 呼吸のしかたや体表の様子, 子のふやし方などにも注目して考えましょう。普段は海で暮らしているウミガメが, 産卵のときは陸で殻のある卵を産むことなどは, は虫類であることが分かる手がかりになります。

121・122① 道端に生えているカラスノエンドウ

A 緑色のさや
ねじれて開いた黒いさや
C
B 黒いさや
D
さやが開いて種子が
ほとんどなくなっている

左図のA→B→C→Dのような順に変化していきます。

カラスノエンドウは春に道端に見られる雑草です。食用のエンドウより小さく，葉が変化した巻きひげでつる（茎）を支えてのびていきます。緑色のさやは未熟で，種子はやわらかく，熟すと固くなります。ダイズの場合は，未熟な状態で収穫したものが枝豆です。

123② エンドウとソラマメ

へそ
根

へそにくっついていた部分
へそ

さやは親のからだの一部です。さやからへそを通じて栄養分をもらい，胚珠が種子になります。根はへそのわきから生えてきます。

124③ アサガオとイネの発芽

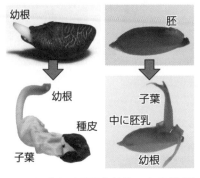

幼根
胚
幼根
子葉
種皮
中に胚乳
子葉
幼根

アサガオは双子葉植物で無胚乳種子（子葉に養分を蓄える），イネは単子葉植物で有胚乳種子（胚乳に養分を蓄える）です。胚乳は栄養のかたまりであり，成長とともに小さくなっていきます。

125④ ダイコンの栽培

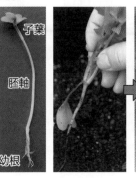

子葉
胚軸
幼根
主根

ダイコンはアブラナ科の植物で，そのスプラウトはカイワレダイコンと呼ばれます。ダイコンは胚軸と幼根が育った部分を食用としており，ダイコンのひげは主根からのびる側根です。

126⑤ カシのドングリ（左）とクリ（右）につくゾウムシ

ゾウムシの成虫
口で穴をあける

ゾウムシの幼虫

ゾウムシはカブトムシと同じ甲虫のなかまで，完全変態の昆虫です。

ゾウムシという名前ですが，長いのは鼻ではなく口と頭の一部です。この長い口でさまざまな植物の種子に穴をあけ，中に産卵する農業害虫です。ほかにも，お米に産卵するコクゾウムシなどがいます。

127⑥ ブロッコリーを栽培している野菜工場

LEDライト
ブロッコリーの苗
水

赤色と青色の光を合わせると赤紫色の光になります。植物の葉は緑色であり，緑色の光は反射されるため，赤色や青色の光と比べると光合成にあまり使われません。また，ブロッコリーは赤色光によって発芽が促進されます。

野菜工場では土を使わずに水耕栽培をすることが多く，出荷まですべて室内で管理されるため安定して収穫することができますが，コストがかかるという問題点があります。

128

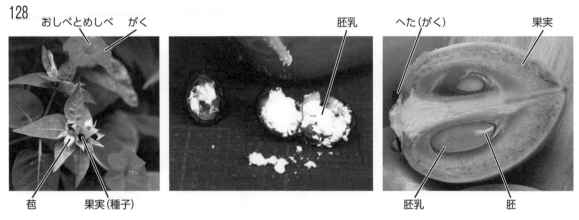

おしべとめしべ　がく　　　　胚乳　　　　へた（がく）　　　果実

苞　　果実（種子）　　　　　　　　胚乳　　　　胚

　オシロイバナの花は，花びらがなく，花びらのように見えるのはがくです。またオシロイバナは双子葉植物ですが，無胚乳種子ではなく有胚乳種子で胚乳にでんぷんをたくわえています。オシロイバナの果実は果皮が硬く，一見，種子と違いが分かりません。カキもオシロイバナと同様に双子葉植物ですが，有胚乳種子です。

129・130

子葉（2枚）　　　　　本葉　　　　　　幼根　　　　　　　根

根　　　子葉（2枚）　　根　　　子葉

　コナラやクリはどちらもブナ科で，ブナ科の堅い果実をドングリといいます。ブナ科は双子葉植物で無胚乳種子ですが，子葉が分厚く地中に残ります。

131・132

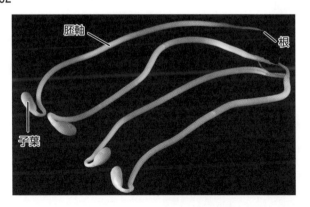

胚軸　　　　　　　　　　　根

子葉

子葉　　　本葉

　ダイズなどの種子を光の当たらないところで育てると，もやしになります。光が当たらないと，ひょろ長く，色も黄色や白色になります。光が当たるところで育てると，葉緑体に葉緑素がつくられることで緑色になります。

136・137① アブラナ

新しいつぼみ

残っているおしべ

残っているがく

A

大きくなった子房

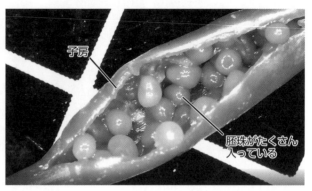

子房

胚珠がたくさん入っている

茎がのびていくとともに，先端に新しいつぼみができていきます。

受粉後は，花びらやおしべは不要であるため次第に枯れていきます。アブラナの場合はがくも枯れますが，がくが「へた」という形で残る植物もあります。胚珠は成長すると種子になり，アブラナの種子は脂肪分が多く，菜種油として利用されています。

138② ツツジとマルハナバチ

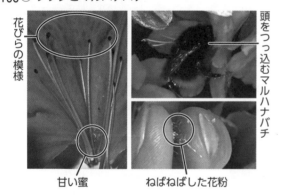

花びらの模様

頭をつっ込むマルハナバチ

甘い蜜

ねばねばした花粉

ツツジは4〜5月頃に咲く花で合弁花です。花びらの模様めがけて昆虫が飛んできます。

139③ レンゲソウとミツバチ

ミツバチの腹につくおしべ

花粉だんご

はたらきバチはすべてメスで，うしろあしに花粉を集めて巣に持ち帰ります。レンゲソウはマメ科の植物で4月頃に花を咲かせます。

④ ツユクサとハナアブのなかま

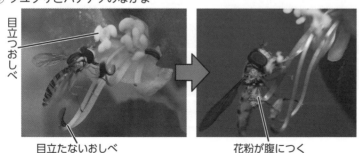

目立つおしべ

目立たないおしべ

花粉が腹につく

ツユクサは夏に咲く花で単子葉植物です。写真のハナアブのなかまは花粉を食べるハエに近いなかまで人をおそうことはありませんが，身を守るためにハチに擬態しています。

140⑤ ツリフネソウとスズメガ

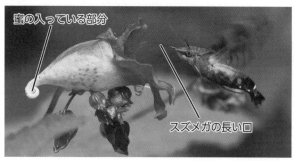

蜜の入っている部分

スズメガの長い口

空中で静止（ホバリング）しながらストロー状の長い口をのばして蜜を吸います。

⑥ アベリア（ハナツクバネウツギ）とクマバチ

花の根元に口を刺す

クマバチやマルハナバチはミツバチと同じなかまであり，スズメバチのように他の昆虫をおそって食べたりはしません。

141⑦ アサガオ

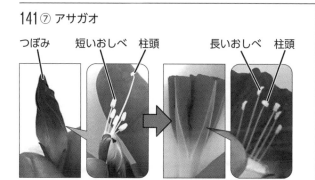

つぼみ　短いおしべ　柱頭　　　長いおしべ　柱頭

アサガオはつぼみの中でおしべがのび，花が咲く頃には自家受粉が完了しています。

142⑧ ソバとハエ

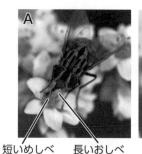

長いめしべ

A　　B

短いめしべ　長いおしべ　　短いおしべ

自家受粉はなかまの数を増やせる長所がありますが，似た性質をもつ子孫が増えるため，環境の変化に弱いという短所があります。

143

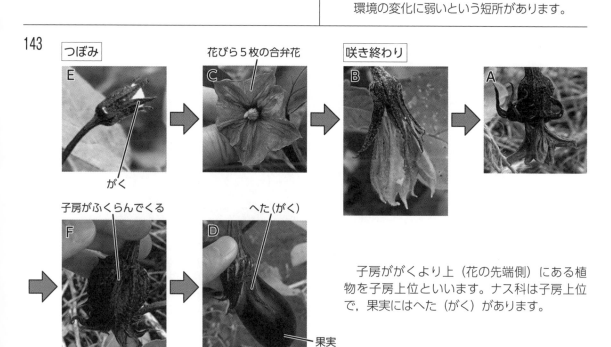

つぼみ

花びら5枚の合弁花

咲き終わり

E　　C　　B　　A

がく

子房がふくらんでくる

へた（がく）

F　　D

果実

子房ががくより上（花の先端側）にある植物を子房上位といいます。ナス科は子房上位で，果実にはへた（がく）があります。

229

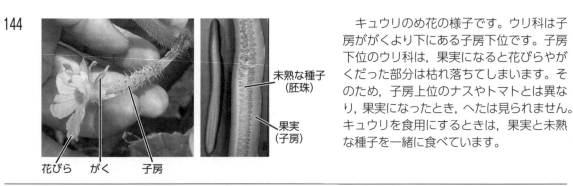

144

未熟な種子
（胚珠）

果実
（子房）

花びら　がく　子房

キュウリのめ花の様子です。ウリ科は子房ががくより下にある子房下位です。子房下位のウリ科は，果実になると花びらやがくだった部分は枯れ落ちてしまいます。そのため，子房上位のナスやトマトとは異なり，果実になったとき，へたは見られません。キュウリを食用にするときは，果実と未熟な種子を一緒に食べています。

145・146

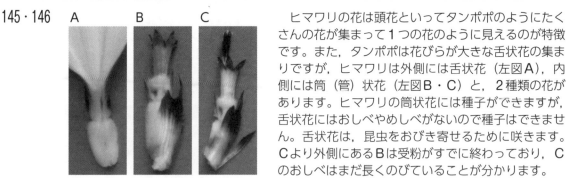

A　　B　　C

ヒマワリの花は頭花といってタンポポのようにたくさんの花が集まって1つの花のように見えるのが特徴です。また，タンポポは花びらが大きな舌状花の集まりですが，ヒマワリは外側には舌状花（左図A），内側には筒（管）状花（左図B・C）と，2種類の花があります。ヒマワリの筒状花には種子ができますが，舌状花にはおしべやめしべがないので種子はできません。舌状花は，昆虫をおびき寄せるために咲きます。Cより外側にあるBは受粉がすでに終わっており，Cのおしべはまだ長くのびていることが分かります。

147　【マツの花】

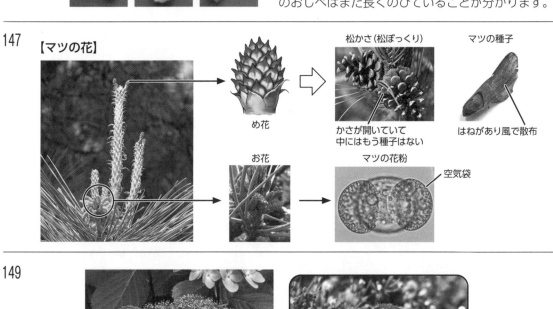

松かさ（松ぼっくり）

マツの種子

め花

かさが開いていて
中にはもう種子はない

はねがあり風で散布

お花

マツの花粉

空気袋

149

アジサイもヒマワリのようにたくさんの花が集まって1つの花のように見えています。また，花も2種類あり，外側の花の目立つ花びらのように見えるものはがくです。ハナムグリが花粉を求めて内側の花にやってきています（右上図）。

〈提供・協力〉　アーテファクトリー
　　　　　　　AFP
　　　　　　　気象庁
　　　　　　　国立極地研究所
　　　　　　　時事
　　　　　　　JAXA
　　　　　　　末棟義彦
　　　　　　　日本気象協会
　　　　　　　PIXTA
　　　　　　　毎日新聞社
　　　　　　　三松正夫記念館
　　　　　　　ミラージュ
　　　　　　　Rudolf Albilt（Fotolia）
　　　　　　　国土地理院発行 500 万分の 1 日本とその周辺

【p21 ⑤気象衛星ひまわりが撮影した地球】
　　提供：情報通信研究機構（NICT）

サピックス メソッド　**改訂版　理科コアプラス**

2011 年　2 月　　1 日　初版第 1 刷発行
2024 年　2 月　　1 日　改訂版初版第 2 刷発行

企画・制作　サピックス小学部
　　　　　　〒 151-0053　東京都渋谷区代々木 1-27-1
　　　　　　☎ 0120-3759-50
発 行 者　髙宮英郎
印刷・製本　上毛印刷株式会社
発 行 所　代々木ライブラリー
　　　　　　〒 151-0053　東京都渋谷区代々木 1-38-9　3 階
　　　　　　☎ 03（3370）7409